复旦卓越·高职高专21世纪规划教材

工程图识读与绘制

余启志　陈　燕　陈丹晔　主　编
朱英翔　朱晓枫　副主编

U0352667

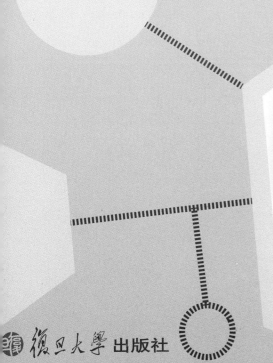

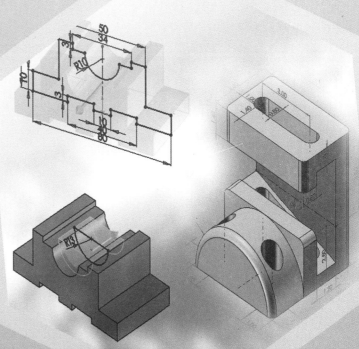

复旦大学出版社

内容提要

本书针对中职、高职机械类或近机类专业对人才素质培养的需求，按照现行的国家标准，认真总结多年来的教学研究与改革、课程建设与实践的经验和成果，参考国内一些同类教材编写而成。本书以培养学生精确识图与准确绘制的能力为目标，以培养空间想象力为原则，以形体特征为主线，合理编排教材内容。

本书内容包括制图基础、投影基础、SolidWorks基础建模、基本立体投影、组合体的视图、轴测图、机件常用的表达方法、标准件和常用件、零件图、装配图和附表。

本书适用于中职、高职机械类和非机械类以及各相关专业的教学使用，也可作为提高工程技术人员素质的培训教材。

前　　言

　　本书以基础教学为目的,以够用为度,根据中高职人才培养的需求,在吸取了近年来教学改革的实践经验和同行意见的基础上编写而成。

　　本书精简了画法几何部分,加强了制图基础知识和看图、画图基本技能方面的内容;考虑到计算机应用的普及和工程制图的教学改革,将计算机三维造型与传统的工程制图理论相结合,不但符合一般人们对形体的理解习惯方式,同时也体现出现代工程制图的特点。全书各章均以典型案例分析,将识图能力与绘图能力相结合,在识图的基础上增强绘图能力的培养,以培养学生分析问题和解决问题的能力。各个章节配有练习,帮助更好地巩固本章知识。书中的标准全部采用技术制图与机械制图国家标准及与制图有关的其他标准。

　　全书共有10章,参加本书编写的有上海工程技术大学、上海市高级技工学校余启志(第三章、第五章、第六章)、陈燕(第一章、第七章、第八章)、陈丹晔(第二章、第九章)、朱英翔(第十章)、朱晓枫(第四章)。全书由余启志、陈燕负责统稿。

　　由于编者编写水平有限,书中难免有差错和欠妥之处,恳请读者批评指正。

　　本书与《工程图识读与绘制习题集》配套使用。欢迎广大师生来函索取电子素材:
zzjlucky@yeah.net。

目　　录

第❶章

工程制图与绘制

机械制图的基本知识

学习目标 了解机械图样；了解国家标准技术制图和机械制图的基本规定；学会正确使用绘图工具并掌握平面图形的画法。

1. 认识机械图样

1.1 投影基本概念

当太阳或灯光照射到物体时，在墙壁上或地面上会出现物体的影子，这种自然现象就是投影。把光线称为投影线，地面或墙面称为投影面，影子称为投影，如图1.1所示。

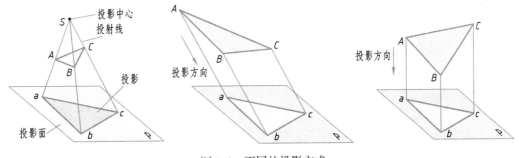

图1.1　不同的投影方式

1.2 机械图样

工程图样是现代工业生产中的重要技术资料，也是工程界交流信息的共同语言，具有严格的规范。在生产中，最常见的技术文件就是图样。在机械制造过程中，最常见的机械图样是零件图和装配图。用于加工零件的图样是零件图。图1.2所示为机用台虎钳螺母零件图，它是制造和检验该零件的技术依据。用于将零件装配在一起的图样是装配图。图1.3所示为机用台虎钳装配图，它表达了机用台虎钳各个零件装配在一起的图样。

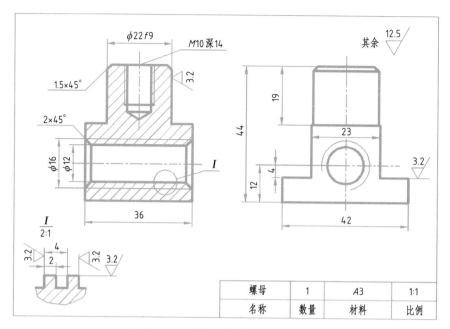

图 1.2　机用台虎钳螺母零件图

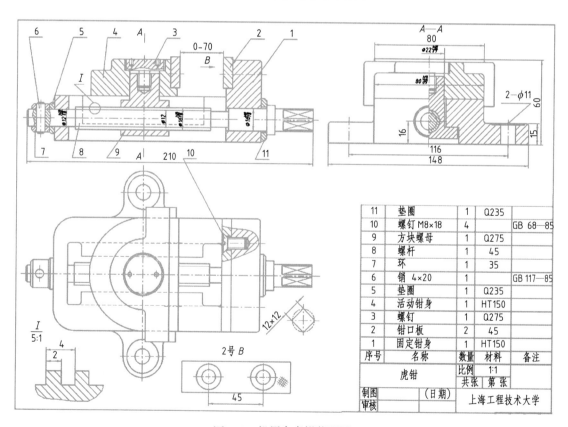

图 1.3　机用台虎钳装配图

2. 制图国家标准的一般规定

掌握制图基本知识与技能,是培养画图和识图能力的基础。要正确绘制和阅读机械图样,必须熟悉有关标准和规定。我国国家标准(简称国标)的代号是"GB",主要包括技术制图和机械制图的有关规定。例如,GB/T(国标代号/推荐属性)4457.4(顺序号.部分号)—2002(批准年号)《机械制图(引导要素)图样画法(主体要素)图线(补充要素,即图线是 GB/T 4457 标准的第 4 部分)》。

国家标准中对图纸幅面、比例、字体、尺寸注法等有以下一般规定:

GB/T 14689—2008《技术制图 图纸幅面和格式》、GB/T 10609.1—2008《技术制图 标题栏》、GB/T 14690—1993《技术制图 比例》、GB/T 17450—1998《技术制图 图线》、GB/T 4458.4—2003《机械制图 尺寸注法》。

2.1 图纸幅面和格式(GB/T 14689—2008)

2.1.1 图纸幅面尺寸

绘制技术图样时,首先采用表 1.1 中的基本幅面规格尺寸(单位:mm)。必要时,可以加长幅面。加长幅面是按基本幅面的短边成整数倍增加。

表 1.1　基本幅面尺寸和图框尺寸

幅面代号	A0	A1	A2	A3	A4
B×L	841×1 189	594×841	420×594	297×420	210×297
e	20			10	
c	10			5	
a	25				

沿着某一号幅面的长边对裁,即为下一号幅面的大小。例如,沿 A1 幅面的长边对裁,即为 A2 的幅面,以此类推。

2.1.2 图框格式

在图纸上必须用粗实线绘制图框线。需要装订的图样,边框有 a(装订边)和 c 两种尺寸;不需要装订的图样,边框只有一种 e 尺寸。a、c、e 的尺寸见表 1.1。装订时,一般采用 A4 幅面竖装或 A3 幅面横装,如图 1.4 所示。

图框右下角必须画出标题栏,标题栏中的文字方向为看图方向。为了使图样复制时定位方便,在各边长的中点分别画出对中符号(粗实线)。如果使用预先印制的图纸,需要改变标题栏的方位时,必须将其旋转至图纸的右上角。此时,为了明确绘图与看图的方向,在图纸的下边对中符号处画出方向符号,如图 1.5 所示。

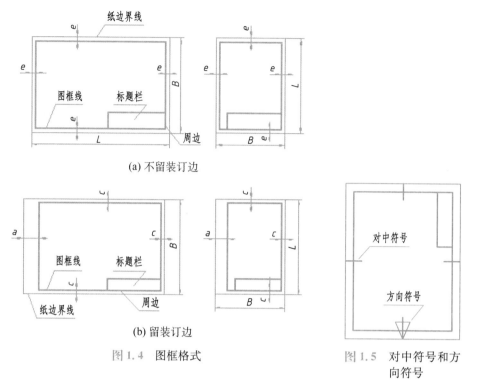

(a) 不留装订边

(b) 留装订边

图 1.4　图框格式

图 1.5　对中符号和方向符号

2.2　标题栏（GB/T 10609.1—2008）

标题栏的格式由国家标准 GB/T 10609.1—2008 统一规定,标题栏的外框线用粗实线,内框线用细实线绘制,如图 1.6 所示。本书建议在制图作业中采用图 1.7 所示的格式。

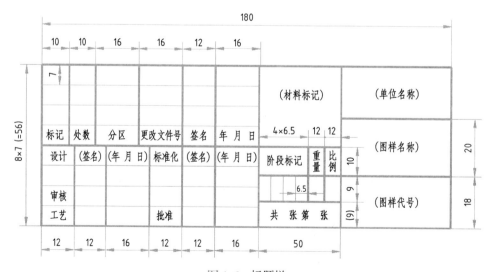

图 1.6　标题栏

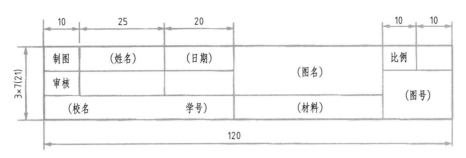

图 1.7　制图作业中简化标题栏

2.3　比例（GB/T 14690—1993）

图中图形与实物相应要素的线性尺寸之比称为比例。绘图时，应从表 1.2 规定的系列中选取比例。

表 1.2　常用的比例（GB/T 14690—1993）

种类	比例系列一	比例系列二
原值比例	$1:1$	
放大比例	$2:1$　$5:1$ $1 \times 10^n : 1$　$2 \times 10^n : 1$　$5 \times 10^n : 1$	$2.5:1$　$4:1$ $2.5 \times 10^n : 1$　$4 \times 10^n : 1$
缩小比例	$1:2$　$1:5$　$1:10$ $1:2 \times 10^n$　$1:5 \times 10^n$　$1:1 \times 10^n$	$1:1.5$　$1:2.5$　$1:3$　$1:4$　$1:6$ $1:1.5 \times 10^n$　$1:2.5 \times 10^n$　$1:3 \times 10^n$ $1:4 \times 10^n$　$1:6 \times 10^n$

绘制机械图样时，尽量采用 1:1 的比例画图，这样图样可以反映实物的真实大小。或者，根据机件大小选择放大或缩小的比例。图样的比例要适当选取。无论采用放大或缩小比例，图样中所标注的尺寸必须是机件的实际尺寸，与图样的准确程度和比例大小无关，如图 1.8 所示。

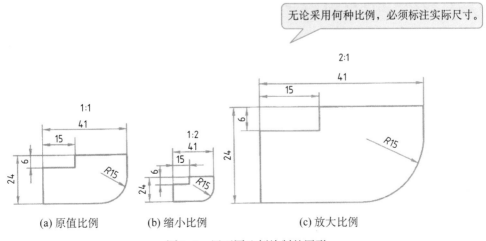

无论采用何种比例，必须标注实际尺寸。

(a) 原值比例　　(b) 缩小比例　　(c) 放大比例

图 1.8　用不同比例绘制的图形

2.4 字体(GB/T 14691—1993)

国家标准(GB/T 14691—1993)《技术制图 字体》规定了对字体的要求。字体主要是指图中的汉字、字母、数字的书写形式。

1. 一般规定

图样中书写的字体必须做到字体工整、笔画清楚、间隔均匀、排列整齐。汉字应写成长仿宋体,并应采用国家正式公布推行的简化字。

字体的号数,即字体的高度 h(单位:mm),分为 20、14、10、7、5、3.5、2.5、1.8 mm(汉字字高不应小于 3.5 mm)8 种,字体的宽度约等于字体高度的 2/3。字母和数字分 A 型和 B型,A 型字体的笔画宽度(d)为字高(h)的 1/14,B 型字体的为 1/10,建议采用 B 型字体。

2. 字体示例

汉字字体如图 1.9 所示。

10 号字

字体工整笔画清楚间隔均匀排列整齐

7 号字

横平竖直注意起落结构均匀填满方格

5 号字

技术制图机械电子汽车航空船舶土木建筑矿山井坑港口纺织服装

3.5 号字

螺纹齿轮端子接线飞行指导驾驶舱位挖填施工引水通风闸阀棉麻化纤

图 1.9 汉字示例

B 型拉丁字字母的字体如图 1.10 所示。

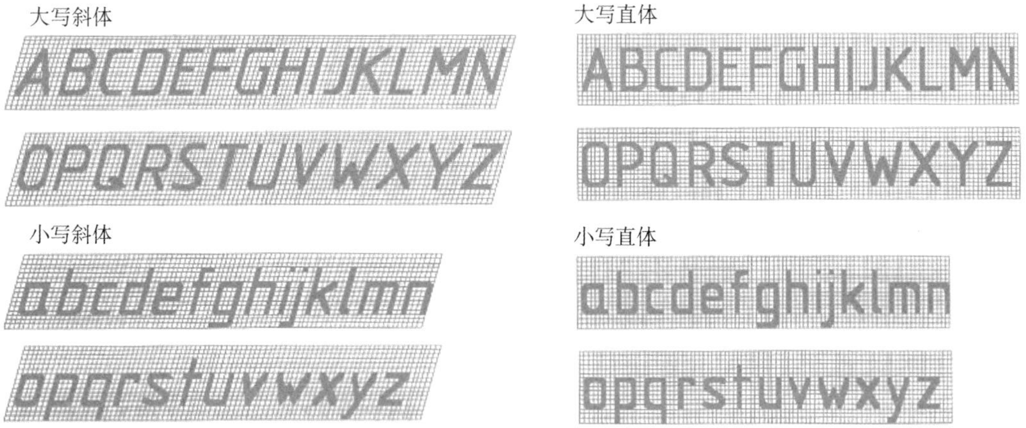

大写斜体

ABCDEFGHIJKLMN

OPQRSTUVWXYZ

大写直体

ABCDEFGHIJKLMN

OPQRSTUVWXYZ

小写斜体

abcdefghijklmn

opqrstuvwxyz

小写直体

abcdefghijklmn

opqrstuvwxyz

图 1.10 B 型拉丁字字母示例

阿拉伯数字和罗马数字的 B 型字体如图 1.11 所示。

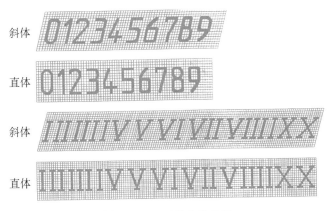

斜体 0123456789

直体 0123456789

斜体 ⅠⅡⅢⅣⅤⅥⅦⅧⅨⅩ

直体 ⅠⅡⅢⅣⅤⅥⅦⅧⅨⅩ

图 1.11　B 型数字的示例

2.5　图线（GB/T 17450—1998、GB/T 4457.4—2002）

　　线型的图线宽度 d 的推荐系列为 0.13、0.18、0.25、0.35、0.5、0.7、1、1.4、2 mm。粗细两种线宽之间的比例为 2∶1。为了保证图样的清晰度、易读性和便于缩微复制，应尽量避免采用小于 0.18 mm 的图线。在同一张图纸上，同类图线的宽度应基本一致；两平行线间的最小距离不得小于 0.7 mm。机械图样中规定了 9 种图线，其名称、型式、应用示例见表 1.3 和图 1.12。

表 1.3　图线的形式和用途

序号	线型	名称	一般应用
1		细实线	过渡线、尺寸线、尺寸界线、剖面线指引线、螺纹牙底线、辅助线等
2		波浪线	断裂处边界线、视图与剖视图的分界线
3		双折线	断裂处边界线、视图与剖视图的分界线
4		粗实线	可见轮廓线、相贯线、螺纹牙顶线等
5		细虚线	不可见轮廓线
6		粗虚线	表面处理的表示线
7		细点画线	轴线、对称中心线、分度圆(线)、孔系分布的中心线、剖切节线等
8		粗点画线	限定范围表示线
9		细双点画线	相邻辅助零件的轮廓线、可移动零件的轮廓线、成形前轮廓线等

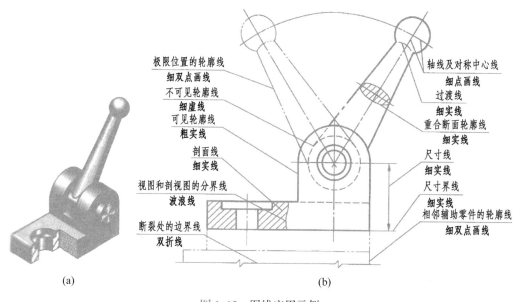

图 1.12 图线应用示例

画图线的注意事项：

（1）虚线与虚线、虚线与实线相交时，应以线段相交，中间不得留有空隙，如图 1.13 所示。

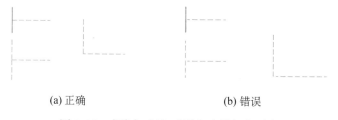

(a) 正确   (b) 错误

图 1.13 虚线与虚线、虚线与实线相交画法

（2）点画线应以线段相交，点画线的首末两端应是线段而不是点，并应超出图形 3～5 mm，如图 1.14 所示。

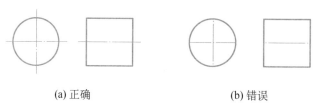

(a) 正确   (b) 错误

图 1.14 点画线、中心线画法

（3）图线与图线相切，应以切点相切，相切处应保持相切的两线段中较宽的图线的宽度，不应相割或相离，如图 1.15 所示。

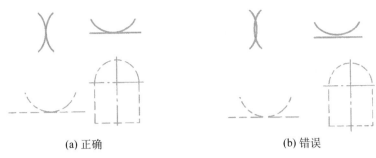

(a) 正确　　　　　　　　　　　(b) 错误

图 1.15　图线相切画法

2.6　尺寸注法（GB/T 4458.4—2003）

2.6.1　基本规则

尺寸标注的基本规则：

（1）机件的真实大小应以图样上所注的尺寸数值为依据，与图形的大小及绘图的准确度无关。

（2）图样中的尺寸以毫米为单位时，不需标注计量单位的代号或名称，如采用其他单位，则必须注明相应的计量单位的代号或名称。

（3）图样中所标注的尺寸，为该图样所示机件的最后完工尺寸，否则应另加说明。

（4）机件的每一尺寸，在图样上一般只标注一次，并标注在反映该结构最清晰的图形上。

2.6.2　尺寸的组成要素

一个完整的尺寸标注，由尺寸界限、尺寸线、箭头和尺寸数字组成。此外，为了使标注的尺寸清晰易读，标注尺寸时可按下列尺寸绘制：尺寸线到轮廓线、尺寸线和尺寸线之间的距离取 6～10 mm，尺寸线超出尺寸界限 2～3 mm，尺寸数字一般为 3.5 号字，箭头长 5 mm，箭头尾部宽 1 mm，如图 1.16 所示。

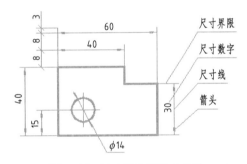

图 1.16　尺寸标注的基本规则

2.6.3　尺寸注法示例

尺寸注法示例见表 1.4。

表 1.4　尺寸注法示例

项目	图　　例	说明
尺寸界线	轮廓线作尺寸界线 中心线作尺寸界线 超过箭头2~3mm为宜	尺寸界线应由图形的轮廓线、轴线或对称中心线处引出，也可利用轮廓线、轴线或对称中心线作尺寸界线； 尺寸界线一般应与尺寸线垂直并超过尺寸线约 2～3 mm

项目	图　例	说明
尺寸线	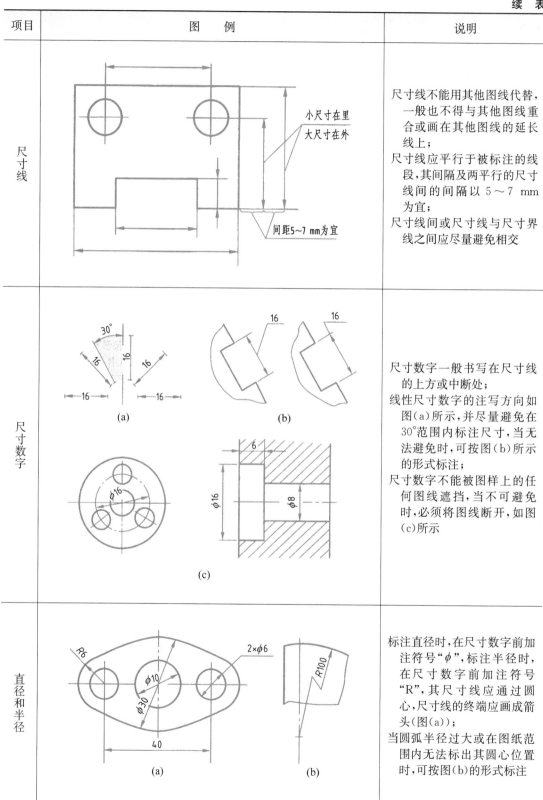	尺寸线不能用其他图线代替，一般也不得与其他图线重合或画在其他图线的延长线上； 尺寸线应平行于被标注的线段，其间隔及两平行的尺寸线间的间隔以 5～7 mm 为宜； 尺寸线间或尺寸线与尺寸界线之间应尽量避免相交
尺寸数字		尺寸数字一般书写在尺寸线的上方或中断处； 线性尺寸数字的注写方向如图(a)所示，并尽量避免在 30°范围内标注尺寸，当无法避免时，可按图(b)所示的形式标注； 尺寸数字不能被图样上的任何图线遮挡，当不可避免时，必须将图线断开，如图(c)所示
直径和半径		标注直径时，在尺寸数字前加注符号"ϕ"，标注半径时，在尺寸数字前加注符号"R"，其尺寸线应通过圆心，尺寸线的终端应画成箭头(图(a))； 当圆弧半径过大或在图纸范围内无法标出其圆心位置时，可按图(b)的形式标注

项目	图　例	说明
角度		标注角度尺寸的尺寸界线应沿径向引出,尺寸线是以角度顶点为圆心的圆弧线,角度的数字应水平注写,一般注写在尺寸线的中断处,必要时也可注写在尺寸线的上方、外侧或引出标注
小尺寸		无足够位置注写小尺寸时,箭头可外移或用小圆点代替两个箭头;尺寸数字也可写在尺寸界线外或引出标注

2.7　斜度

斜度是一直线(或平面)对另一直线(或平面)的倾斜程度。其大小用二者之间夹角的正切值表示,并将此值化为 $1:n$ 的形式,如图 1.17 所示。在图样中,标注斜度时,在 $1:n$ 前面加注斜度符号"∠",符号"∠"的方向应与斜度方向一致。

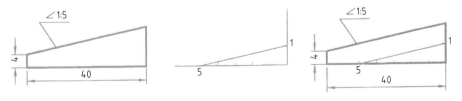

图 1.17　斜度的作图步骤与标注

2.8　锥度

锥度是指正圆锥体的底圆直径 D 与圆锥高 L 之比。如为圆锥台,则是圆锥台底圆和顶圆的直径差 $D-d$ 与圆锥台高度 l 之比,其大小为 $2\tan\alpha=D/L=(D-d)/l$,并将此值化为 $1:n$

予以标注。在图样中标注锥度时,须在 1:n 前面加注锥度符号"◁",其方向应与锥度方向一致,如图 1.18 所示。

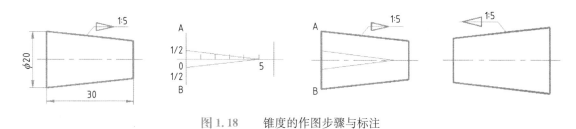

图 1.18　锥度的作图步骤与标注

3. 尺 寸 绘 图

尺规绘图是指用铅笔、丁字尺、三角板和圆规等绘图仪器和工具来绘制图样。虽然目前技术图样已经逐步由计算机绘制,但尺规制图仍是工程技术人员必备的基本技能,同时也是学习和巩固图示理论知识不可忽视的训练方法,因此必须熟练掌握。

3.1　尺规绘图的工具和仪器用法

3.1.1　图板和丁字尺

画图时,先将图纸用胶带纸固定在图板上,丁字尺头部紧靠图板左边,画线时铅笔垂直纸面向右倾斜约 30°,如图 1.19(a)所示。丁字尺上下移动到画线位置,自左向右画水平线,如图 1.19(b)所示。

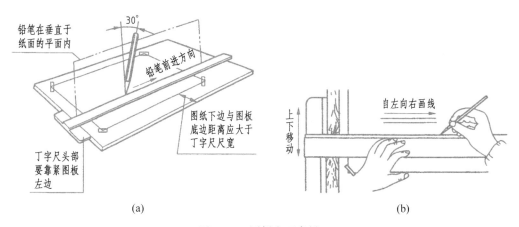

图 1.19　图板和丁字尺

3.1.2　三角板

一副三角板由 45°和 30°(60°)两块直角三角板组成。三角板与丁字尺配合使用可画垂直线,如图 1.20 所示,还可画出与水平线成 30°、45°、60°以及 75°、15°的倾斜线,如图 1.21 所示。

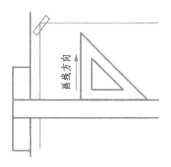

图 1.20　用三角板丁字尺画
　　　　　垂直线

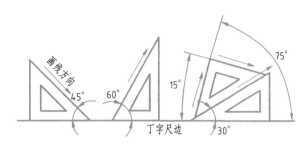

图 1.21　用三角板画常用角度斜线

两块三角板配合使用,可画任意已知直线的平行线或垂直线,如图 1.22 所示。

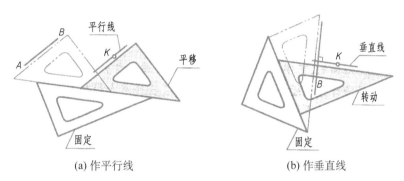

(a) 作平行线　　　　　　　　　　　　(b) 作垂直线

图 1.22　两块三角板配合使用

3.1.3　圆规和分规

(1) 圆规　用来画圆和圆弧。画圆时,圆规的钢针应使用有台阶的一端,以避免图纸上的针孔不断扩大,并使笔尖与纸面垂直,如图 1.23 所示。

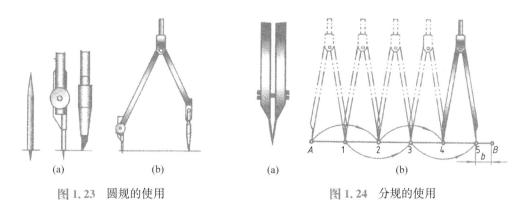

图 1.23　圆规的使用　　　　　　　　　图 1.24　分规的使用

(2) 分规　用来截取线段、等分直线或圆周,以及从尺上量取尺寸。分规的两个针尖并拢时应对齐,如图 1.24 所示。

3.1.4 铅笔

绘图铅笔用 B 和 H 代表铅芯的软硬程度。B 表示软性铅笔,B 前面的数字越大,表示铅芯越软(黑);H 表示硬性铅笔,H 前面的数字越大,表示铅芯越硬(淡)。HB 表示铅芯软硬适中。画粗线常用 B 或 HB,画细线常用 H 或 2H,写字常用 HB 或 H。画底稿时建议用 2H 铅笔。画圆或圆弧时,圆规插脚中的铅芯应比画直线的铅芯软 1~2 档。

除了上述工具外,绘图时还要备有削铅笔的小刀、磨铅芯的砂纸、橡皮以及固定图纸的胶带纸等。有时为了画非圆曲线,还要用曲线板。如果需要描图,还要用直线笔(鸭嘴笔)或针管笔。

3.2 几何图形画法

机件轮廓图形是由直线、圆弧和其他曲线组成的几何图形。熟练掌握几何图形的正确作图方法,是提高绘图速度,保证绘图质量的基本技能之一。常见的几何图形作图方法见表 1.5。

表 1.5 常见几何图形的作图方法

种类	作图步骤	说 明
正六边形	(a) 作法一　　　(b) 作法二	作法一:利用外接圆半径作图; 作法二:利用外接圆以及三角板、丁字尺配合作图
正五边形	(1)　　　(2)　　　(3)	(1) 取半径的中点 K; (2) 以 K 为圆心,KA 为半径画弧,得点 C,AC 即为五边形的边长; (3) 等分圆周得 5 个顶点,将顶点连成五边形
椭圆		四心法:已知椭圆长、短轴,作图时,连接椭圆长、短轴的端点 A、C,取 $CE_1 = CE = OA - OC$。作 AE_1 的中垂线,与两轴交于点 O_1、O_2,并作对称点 O_3、O_4;分别以 O_1、O_2、O_3、O_4 为圆心,以 O_1A、O_2C、O_3B、O_4D 为半径作弧,切于 K、N、N_1、K_1,即得近似椭圆

3.3　圆弧连接

圆弧连接是指用已知半径的圆弧,光滑地连接直线或圆弧,这种起连接作用的圆弧,称为连接弧。作图时,要准确求出连接弧的圆心和连接点(切点),才能保证圆弧的光滑连接。

两直线间的圆弧连接,见表 1.6。两圆弧之间的圆弧连接,见表 1.7。

表 1.6　两直线间的圆弧连接

类别	用圆弧连接锐角或钝角(圆角)	用圆弧连接直角(圆角)
图例		
作图步骤	1. 作与已知角两边分别相距为 R 的平行线,交点 O 即为连接弧圆心 2. 从 O 点分别向已知角两边作垂线,垂足 T_1、T_2 即为切点 3. 以 O 为圆心,R 为半径在两切点 T_1、T_2 之间画连接圆弧,即为所求	1. 以直角顶点为圆心,R 为半径作圆弧交直角两边于 T_1 和 T_2 2. 以 T_1 和 T_2 为圆心,R 为半径作圆弧相交得连接弧圆心 O 3. 以 O 为圆心,R 为半径,在两切点 T_1 和 T_2 之间作连接弧,即为所求

表 1.7　两圆弧之间的圆弧连接

名称	已知条件和作图要求	作 图 步 骤		
外连接	已知两圆 O_1、O_2 的半径为 R_1、R_2,求作以 R 为半径的连接圆弧与两已知圆外切	1. 分别以 $(R_1 + R)$ 和 $(R_2 + R)$ 为半径,O_1、O_2 为圆心,作圆弧相交于 O	2. 作连心线 OO_1 和 OO_2,与已知圆弧相交于 A、B,即为切点	3. 以 O 为圆心,R 为半径,在两切点 A、B 间作连接弧,即为所求

工程图识读与绘制

续　表

名称	已知条件和作图要求	作　图　步　骤		
内连接	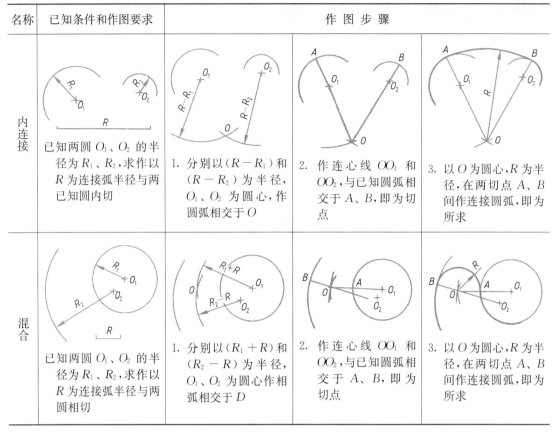已知两圆 O_1、O_2 的半径为 R_1、R_2，求作以 R 为连接弧半径与两已知圆内切	1. 分别以 $(R-R_1)$ 和 $(R-R_2)$ 为半径，O_1、O_2 为圆心，作圆弧相交于 O	2. 作连心线 OO_1 和 OO_2，与已知圆弧相交于 A、B，即为切点	3. 以 O 为圆心，R 为半径，在两切点 A、B 间作连接圆弧，即为所求
混合	已知两圆 O_1、O_2 的半径为 R_1、R_2，求作以 R 为连接弧半径与两圆相切	1. 分别以 (R_1+R) 和 (R_2-R) 为半径，O_1、O_2 为圆心作相弧相交于 D	2. 作连心线 OO_1 和 OO_2，与已知圆弧相交于 A、B，即为切点	3. 以 O 为圆心，R 为半径，在两切点 A、B 间作连接圆弧，即为所求

综上所述，圆弧连接的画法可归纳为以下 3 个步骤：

第一步：求连接弧的圆心：

第二步：寻找连接点（切点）；

第三步：画连接弧。

画好连接弧的关键在于圆心求得正确，连接点作得要对。

3.4　平面图形的分析与画法

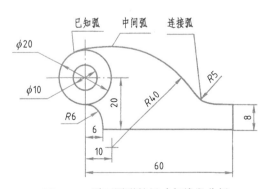

图 1.25　平面图形的尺寸与线段分析

机械图样是由平面图形组成的，而平面图形是由若干几何图形和线段组成的。绘制平面图形时，应根据平面图形中所标注的尺寸，分析各几何图形和线段的形状、大小以及它们的相对位置，从而确定正确的绘图步骤。

3.4.1　平面图形的尺寸分析

（1）尺寸基准　分析平面图形首先要考虑尺寸基准。尺寸基准是标注尺寸的起始点。平面图形有水平和垂直两个度量方向，所以平面图形的尺寸基准可以分为水平方向尺寸基准和垂直方向尺寸基准，一般是两条相互垂直的直线，它们相当于直角坐标系的坐标轴。平面图形上的对称中心线或平直的轮廓线常作为尺寸基准，如图 1.25 所示，平面图形下方的水平轮廓线和通过圆心的垂直中心线即为水平方向和垂直方向的尺寸基准。

（2）定形尺寸　确定组成平面图形各线段或线框的形状的尺寸，如图 1.25 中的 $\phi 20$、$\phi 10$、8 等。

（3）定位尺寸　确定某一线段或某一封闭线框在整个图形内所处位置的尺寸，如图 1.25 中的尺寸 20、6 等。

在分析平面图形的尺寸时，要先了解哪些线是尺寸基准，哪些尺寸是定形尺寸，哪些尺寸是定位尺寸。只有作出正确的分析之后，才能进一步分析平面图形中的线段。

3.4.2　平面图形的线段分析

根据定形尺寸和定位尺寸，可将平面图形中的线段（包括直线和圆弧）分为 3 种类型。下面以图 1.25 中的线段来说明。

（1）已知线段　有定形尺寸和两个方向的定位尺寸，并能根据这些尺寸直接画的线段，称为已知线段。如图 1.25 中的直线段 54(60－6)、8 和 $\phi 10$、$\phi 20$ 均为已知线段。

（2）中间线段　有定形尺寸和一个方向的定位尺寸的线段称为中间线段。如图 1.25 中的 $R40$ 圆弧，它只有一个定位尺寸 10，只有在 $\phi 20$ 圆作出后，才能通过作图确定其圆心的位置。

（3）连接线段　只有定形尺寸，没有定位尺寸的线段，称为连接线段。如图 1.25 中的 $R5$、$R6$ 都是连接线段。它们只有在与其相邻的线段作出后，才能通过作图的方法确定其圆心的位置。

3.4.3　平面图形的作图步骤

由平面图形的线段分析可知，平面图形的作图步骤应该是：首先画出已知线段，然后画出中间线段，最后画出连接线段。必须准确求出中间圆弧和连接弧的圆心和切点的位置，具体作图步骤如图 1.26 所示。

（1）画平面图形的作图基准线，如图 1.26(a)所示。

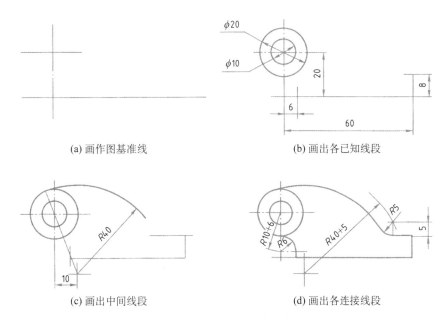

(a) 画作图基准线　　　　　　　　　(b) 画出各已知线段

(c) 画出中间线段　　　　　　　　　(d) 画出各连接线段

图 1.26　平面图形的作图步骤

（2）画已知线段，尺寸为 54(60 - 6) 和 8 的直线段以及 $\phi 10$ 和 $\phi 20$ 的圆，如图 1.26(b) 所示。

（3）作中间线段半径为 $R40$ 的圆弧。$R40$ 弧的一个定位尺寸是 10，另一个定位尺寸由 $R40$ 减去 $R10$（已知圆 $\phi 20$ 的半径）后，通过作图得到，如图 1.26(c) 所示。

（4）画出连接线段 $R5$ 和 $R6$ 圆弧，如图 1.26(d) 所示。

（5）检查、加深、标注尺寸。检查各尺寸在运算及作图过程中有无差错，若无差错即可加深图线。最后标注尺寸，做到正确、完整、清晰。至此完成全图。

练　习

1. 常用的 9 种图线的名称是什么？如果粗实线的宽度 $d = 1\,\text{mm}$，那么，细实线、细虚线、细点画线和粗点画线的宽度各是多少？

2. 尺寸标注的四要素是什么？在标注尺寸时要注意什么问题？

3. 按 1∶1 的比例抄画图 1.27 和图 1.28 平面图形，并标注尺寸。

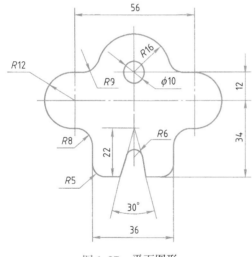

图 1.27　平面图形

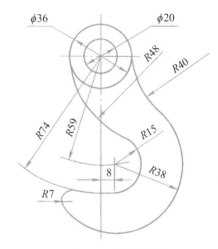

图 1.28　平面图形

第2章

正投影基本知识

学习目标 了解投影法及其分类;掌握三视图的形成及其对应关系,熟悉点、线、平面的投影规律。

1. 投影的基本知识

1.1 投影的基本知识

1.1.1 投影的概念和分类

如图 2.1 所示,物体在阳光或灯光等光线的照射下,就会在地面上形成影子,而影子只能反映物体的轮廓,不能反映物体的细部形状。

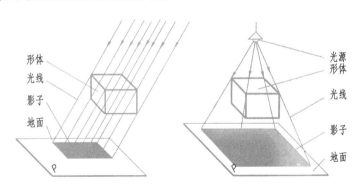

图 2.1 影子的形成

1. 投影法

投影法是将投射线通过物体,向选定的平面投射,并在该平面上得到以线条显示的图形的方法,得到的图形称为投影,如图 2.2 所示。

2. 投影法分类

投影法分为平行投影法和中心投影法。

(1) 平行投影法 如图 2.2(a)所示,投影线互相平行的投影法称为平行投影法。在平行

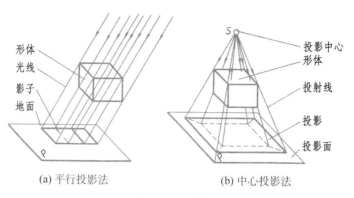

(a) 平行投影法   (b) 中心投影法

图 2.2 　投影法

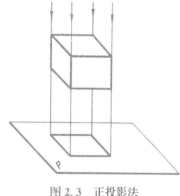

图 2.3 　正投影法

投影法中,又因投射线与投影面的相对位置不同分为正投影法和斜投影法。

① 斜投影法。如图 2.2(a)所示,投射线互相平行且倾斜于投影面。

② 正投影法。如图 2.3 所示,投射线互相平行且垂直于投影面。

由于正投影法得到的正投影图能真实地表达空间物体的形状和大小,不仅度量性好,作图也比较方便,故在机械工程中广泛应用。因此,本课程主要研究正投影法。今后除特别说明外,所述投影均指正投影。

（2）中心投影法　如图 2.2(b)所示,投影线交汇于一点的投影法称为中心投影法。投射线的汇交点称为投影中心。日常生活中的照相、放映电影都是中心投影的实例。

1.1.2 　正投影法基本性质

（1）真实性　当直线或平面平行于投影面时,直线的投影反映实长,平面的投影反映实形,这种投影特性称为真实性,如图 2.4(a)所示。

（2）积聚性　当直线或平面垂直于投影面时,直线的投影积聚成点,平面的投影积聚成一直线,这种投影特性称为积聚性,如图 2.4(b)所示。

（3）类似性　当直线或平面倾斜于投影面时,直线的投影仍为直线,但小于实长,平面的投影是其原图形类似形(类似形是指两图形相应线段间保持定比关系,即边数、平行关系、凹凸关系不变),这种投影特性称为类似性,如图 2.4(c)所示。

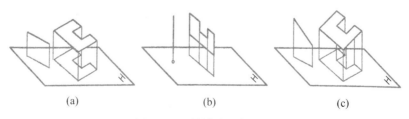

(a)   (b)   (c)

图 2.4 　正投影法基本性质

2. 三面投影体系及三视图的形成

2.1　三投影面体系的建立

一般情况下，物体的一个投影不能确定其形状。如图 2.5 所示，3 个形状不同的物体，在同一投影面上的投影却相同。所以，要反映物体的完整形状，必须增加不同投射方向的投影图，互相补充，将物体表达清楚。工程上常用三投影面体系来表达简单物体的形状。

如图 2.6 所示，3 个互相垂直的投影面，正立投影面 V 简称正面，水平投影面 H 简称水平面、侧立投影面 W 简称侧面。3 个投影面的交线 OX、OY、OZ 称为投影轴，也互相垂直，分别代表长、宽、高 3 个方向。3 根投影轴交于一点 O，称为原点。

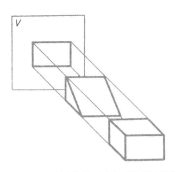

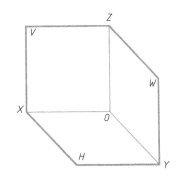

图2.5　不同物体向同面投影相同　　　图2.6　三投影面体系的建立

2.2　三视图的形成

如图 2.7(a)所示，将物体放在三投影面体系中，按正投影法向各投影面投射，即可分别得到正面投影、水平投影和侧面投影。在工程图样中，根据有关标准绘制的多面正投影图也称为视图。在三投影面体系中，物体的三面视图是国家标准中基本视图中的 3 个，规定的名称是：

(1) 主视图　由前向后投射，在正面上所得的视图；

(2) 俯视图　由上向下投射，在水平面上所得的视图；

(3) 左视图　由左向右投射，在侧面上所得的视图。

为了画图和看图方便，必须将处于空间位置的三视图表示在同一个平面上。如图 2.7(b)所示，规定正面不动，将水平面绕 OX 轴旋转 90°，将侧面绕 OZ 轴旋转 90°，使它们与正面处在同一平面上。如图 2.7(c)所示，在旋转过程中，OY 轴一分为二，随 H 面旋转的 Y 轴用 Y_H 表示，随 W 面旋转的 Y 轴用 Y_W 表示。由于画图时不必画出投影面和投影轴，因此去掉投影面的边框和投影轴就得到如图 2.7(d)所示的三视图。

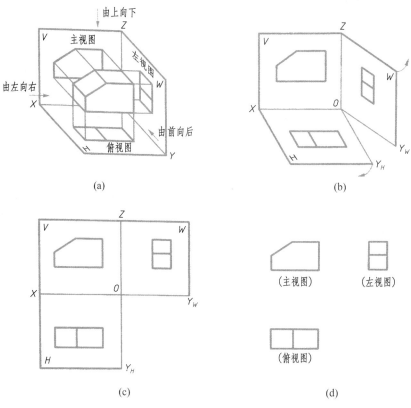

图 2.7　三视图的形成

2.3　三视图之间的对应关系

2.3.1　投影对应关系

从三视图的形成过程可看出,三视图间的位置关系是,俯视图在主视图的正下方,左视图在主视图的正右方。按此位置配置的三视图,不需注写其名称。

如图 2.8(a)所示,物体有长、宽、高 3 个方向的尺寸,通常规定:物体左右之间的距离为长(X);前后之间的距离为宽(Y);上下之间的距离为高(Z)。

从图 2.8(b)可看出,一个视图只能反映两个方向的尺寸。主视图反映物体的长和高;俯视图反映物体的长和宽;左视图反映物体的宽和高。由此可归纳得出三视图之间的投影对应关系:

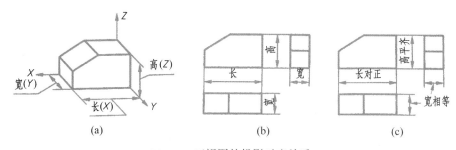

图 2.8　三视图的投影对应关系

（1）主、俯视图反映了物体左、右方向的同样长度（等长），物体在主视图和俯视图上的投影在长度方向上分别对正；

（2）主、左视图反映了物体上、下方向的同样高度（等高），物体在主视图和左视图上的投影在高度方向上分别平齐；

（3）俯、左视图反映了物体前、后方向的同样宽度（等宽），物体在俯视图和左视图上的投影在宽度方向上分别相等。

通过以上分析，三视图之间的投影关系可概括为主、俯视图长对正，主、左视图高平齐，俯、左视图宽相等，如图2.8(c)所示。

"长对正、高平齐、宽相等"的投影对应关系是三视图的重要特性，也是画图和读图的依据。

2.3.2 方位对应关系

如图2.9(a)所示，物体有上、下、左、右、前、后6个方位。从图2.9(b)可看出：

（1）主视图反映物体的上、下和左、右的相对位置关系；

（2）俯视图反映物体的前、后和左、右的相对位置关系；

（3）左视图反映物体的前、后和上、下的相对位置关系。

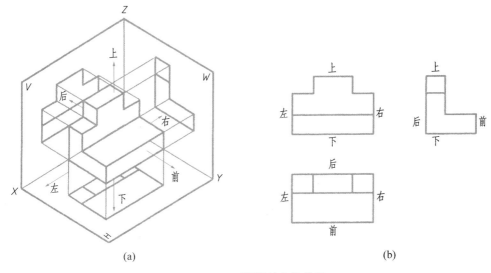

图2.9 三面视图的方位关系

通过上述分析可知，必须将两个视图联系起来，才能表明物体6个方位的位置关系。画图和读图时，应特别注意俯视图与左视图之间的前、后对应关系。由于3个投影面在展开过程中（图2.7）水平面向下旋转，原来的OY轴成为OY_H，即俯视图的下方实际上表示物体的前方，俯视图的上方表示物体的后方；当侧面向右旋转时，原来的OY轴成为OY_w，即左视图的右方实际上表示物体的前方，左视图的左方表示物体的后方。也就是说，在俯、左视图中，靠近主视图的边，表示物体的后面，远离主视图的边，则表示物体的前面。所以，物体的俯、左视图不仅宽相等，还应保持前、后位置的对应关系。

例2.1 如图2.10(a)所示，根据缺角长方体的立体图和主、俯视图，补画左视图。

分析 应用三视图的投影和方位对应关系这个特性来想象和补画左视图。

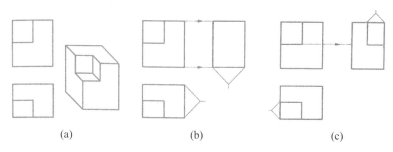

(a)　　　　　　　　　(b)　　　　　　　　　(c)

图 2.10　由主、俯视图补画左视图

作图

(1) 按长方体的主、左视图高平齐,俯、左视图宽相等的投影关系,补画长方体的左视图,如图 2.10(b)所示。

(2) 同样方法补画长方体上缺角的左视图。必须注意缺角在长方体中前、后位置的方位对应关系,如图 2.10(c)所示。

讨论　根据方位对应关系,主视图反映物体上、下和左、右相对位置关系,但不能反映物体的前、后方位关系。同样,俯视图不能反映物体的上、下方位关系,左视图不能反映物体的左、右方位关系。因此,在主视图上判断长方体前、后两个表面的相对位置,必须从俯视图或左视图上找到前、后两个表面的位置,才能确定哪个表面在前,哪个表面在后,如图 2.11(a)所示。同样方法,在俯视图上判断长方体上、下两个表面的相对位置,在左视图上判断长方体左、右两个表面的相对位置,如图 2.11(b、c)所示。

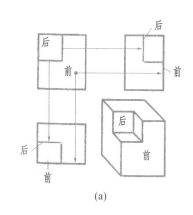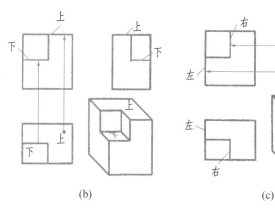

(a)　　　　　　　　　(b)　　　　　　　　　(c)

图 2.11　立体表面相对位置分析

2.4　物体三视图的画法及作图步骤

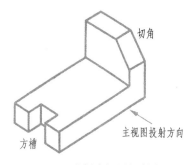

图 2.12　选择主视图投射方向

　　根据物体(或立体图)画三视图时,首先要分析其形状特征,选择主视图的投射方向,并使物体的主要表面与相应的投影面平行。如图 2.12 所示的直角弯板,在左端底板上开一个方槽,右端竖板上切去一角。根据直角弯板 L 形的形状特征,选择由前向后的主视图投射方向,并使 L 形前、后壁与正面平行,底面与水平面平行。

画三视图时,应先画反映形状特征的视图,再按投影关系画出其他视图。作图步骤如图 2.13 所示:

(1) 画直角弯板轮廓的三视图　先画反映直角弯板特征 L 形的主视图(尺寸从立体图中量取),再按投影关系画出俯、左视图,如图 2.13(a)所示。

(2) 画方槽的三面投影　先画反映方槽形状特征的俯视图,再按长对正和宽相等的投影关系分别画出主视图中的虚线(视图上不可见轮廓线的投影为虚线)和左视图中的图线,如图 2.13(b)所示。

(3) 画右部切角的三面投影　先画反映切角形状特征的左视图,再按高平齐、宽相等的投影关系分别画出主视图和俯视图中的图线。画俯视图中的图线时,应注意前后对应关系,如图 2.13(c)所示。

(4) 检查无误,完成三视图,如图 2.13(d)所示。

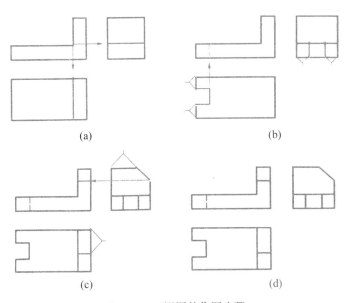

(a)　　　　　　　　　　　(b)

(c)　　　　　　　　　　　(d)

图 2.13　三视图的作图步骤

3. 点、直线、平面的投影

点、直线、平面是构成形体的基本几何元素。任何物体的表面都包含点、线和面等几何元素,如图 2.14 所示三棱锥,就由 4 个平面、6 条直线和 4 个点组成。绘制三棱锥的三视图,实际上就是画出构成三棱锥表面的这些点、直线和平面的投影。因此,要正确而迅速地表达物体,必须掌握这些几何元素的投影特性和作图方法,这对画图和读图具有重要作用。

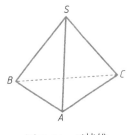

图 2.14　三棱锥

3.1 点的投影

3.1.1 点的三面投影

1. 点的三面投影的形成

过空间点向投影面作垂直投射线,垂直投射线与投影面的交点,就是点在该投影面上的正投影。如图 2.15 所示,从点 A 向投影面 P 作垂直投射线,垂足 a 就是点 A 在投影面 P 上的正投影。空间点用大写字母表示,投影用相应的小写字母表示,如图 2.15(a)所示。空间两点处于同一投射线上,它们在该投射线所垂直的投影面上的投影重合在一起,这两点称为对该投影面的重影点。重影点需要判断其可见性,将不可见点的投影用括号括起来,以示区别。如图 2.15(b)所示,A、B、C、D 等 4 点的 H 面重影,被挡住的投影加"( )"。

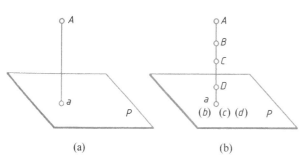

图 2.15 点的投影的形成

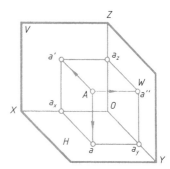

图 2.16 点的三面投影的形成

点的三面投影就是过空间点分别向正面、水平面和侧面作垂直投射线,垂直投射线与正面、水平面和侧面的交点,分别是点在正面、水平面和侧面上的正投影,如图 2.16 所示。空间点 A 的正面(V 面)投影用 a' 表示;点 A 的水平(H 面)投影用 a 表示;点 A 的侧面(W 面)投影用 a'' 表示。点到各投影面的距离,为相应的坐标数值 x、y、z。空间点的位置可由直角坐标值来确定,一般采用下列书写形式:$A(x,y,z)$。

2. 点的三面投影图的展开

为使点 A 的三面投影 a'、a、a'' 处在同一平面上,仍要把三投影面体系展在同一平面内,如图 2.17(a)所示。投影面展开仍然是 V 面不动,H 面向下旋转 $90°$,W 面向右旋转 $90°$,去掉坐标面的外框,如图 2.17(b)所示。

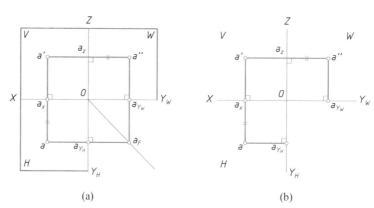

(a)   (b)

图 2.17 点的三面投影图的展开

3．点的三面投影规律

从图2.16中可以看出：

(1) $Aa'' = aa_Y = a'a_Z = a_XO = x_A = A$ 点到 W 面的距离。

(2) $Aa' = aa_X = a''a_Z = a_YO = y_A = A$ 点到 V 面的距离。

(3) $Aa = a'a_X = a''a_Y = a_ZO = z_A = A$ 点到 H 面的距离。

从图2.17可以看出，点的三面投影规律如下：

(1) $a'a \perp OX$ 轴。

(2) $a'a'' \perp OZ$ 轴。

(3) a 到 OX 轴的距离 $= a''$ 到 OZ 轴的距离 $= A$ 点到 V 面的距离 $= A$ 点的 Y 坐标值。

例2.2 已知 A 点的坐标值 $A(20, 22, 24)$，求作 A 点的三面投影图。

作图

(1) 作投影轴，如图2.18(a)所示。

(2) 量取 $Oa_X = 20$，$Oa_Z = 24$，$Oa_{Y_H} = Oa_{Y_W} = 22$，得到 a_X、a_Z、a_{Y_H}、a_{Y_W} 等点，如图2.18(b)所示。

(3) 过 a_X、a_Z、a_{Y_H}、a_{Y_W} 等点分别作所在轴的垂线，交点 a、a'、a'' 即为所求，如图2.18(c)所示。

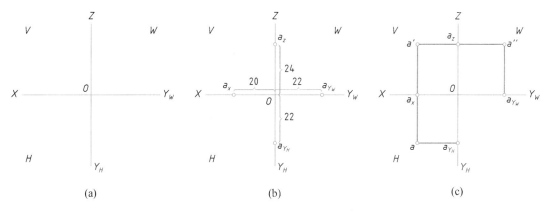

(a)　　　　　　　　　　(b)　　　　　　　　　　(c)

图2.18　求作 A 点的三面投影图

例2.3 已知点的两个投影，求第三投影，如图2.19(a)所示。

作图 如图2.19(b)所示：

(1) 通过点 O 作45°辅助线 OK。

(2) 过 a' 作 OZ 轴的垂线 $a'a_z$。

(3) 过 a 作 OY_H 轴的垂线，交45°辅助线 OK 于点 M，过点 M 作 OY_W 轴的垂线，交 $a'a_z$ 于点 a''。

3.1.2　点的空间位置

点在投影体系中有4种位置情况，如图2.20所示。

(1) 在空间 (x, y, z)　由于 x、y、z 均不为零，到3个投影面都有一定距离，因此点的3个投影都不在轴上，如图2.20所示的 A 点。

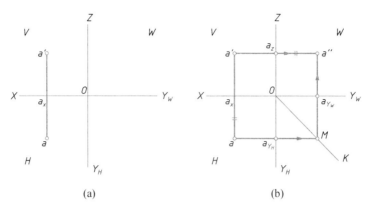

(a)   (b)

图 2.19   求作 A 点的侧面投影

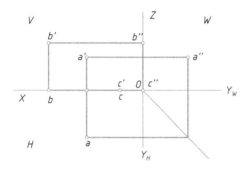

图 2.20   点的空间位置

（2）在投影面上   在 H 面上 $(x, y, 0)$，在 V 面上 $(x, 0, z)$，在 W 面上 $(0, y, z)$。由于点在投影面上，点对该投影面的距离为零，因此，点在该投影面上的投影与空间点重合，另两投影在该投影面的两根投影轴上，如图 2.20 所示的 B 点。

（3）在投影轴上   在 X 轴上 $(x, 0, 0)$，在 Y 轴上 $(0, y, 0)$，在 Z 轴上 $(0, 0, z)$。由于点在投影轴上，点对该轴所在的两个投影面的距离为零，因此，点在这两个投影面上的投影与空间点重合，即在轴上，而另一个投影在原点，如图 2.20 所示的 C 点。

（4）在原点上   由于点在原点上，点到 3 个投影面的距离均为零，因此，点在 3 个投影面上的投影与空间点重合，都在原点。

3.1.3   两点的相对位置

两点的相对位置指两点在空间的上下、前后、左右的位置关系。判断方法：x 坐标值大的在左；y 坐标值大的在前；z 坐标值大的在上。如图 2.21 所示，B 点在 A 点的左、上、前方。

空间两点处于同一投射线上，在该投射线所垂直的投影面上的投影重合在一起，这两点称为对该投影面的重影点。重影点需要判断其可见性，将不可见的投影用括号括起来，以示区别。如图 2.22 所示，点 A、B 在 H 面重影，被挡住的点 B 在 H 面投影 b 加"（ ）"。

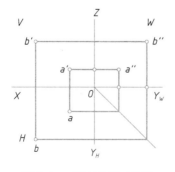

图 2.21   两点的相对位置

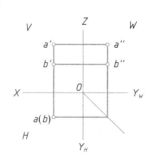

图 2.22   重影点

例 2.4　已知线段 AB 端点坐标 $A(15，15，10)$、$B(35，30，25)$ 的三面投影,求线段 AB 的三面投影。

作图

(1) 作点 A、B 的三面投影,如图 2.23(a) 所示。

(2) 连接点 A、B 的同面投影,并加粗,如图 2.23(b) 所示。

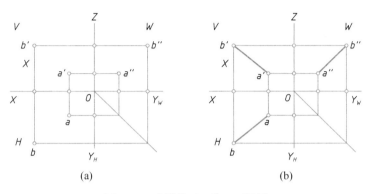

图 2.23　求线段 AB 的三面投影

3.2　直线的投影

直线的投影一般为直线,可由直线上两点的同面投影连线确定,如图 2.24 所示。

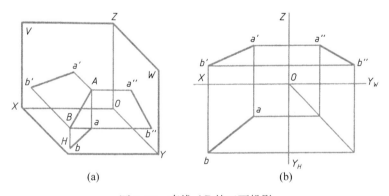

图 2.24　直线 AB 的三面投影

3.2.1　各种位置直线的投影特性

直线按相对于投影面的位置分为 3 类:一般位置直线、投影面的平行线、投影面的垂直线。

1. 一般位置直线

(1) 概念　一般位置直线是相对 3 个投影面都倾斜的直线,如图 2.24 所示。

(2) 投影特性　一般位置直线投影特性:3 个投影都缩短了,即都不反映空间线段的实长及与 3 个投影面的夹角,且都倾斜于 3 根投影轴,如图 2.24 所示。

2. 投影面平行线

投影面的平行线见表 2.1。

表 2.1　投影面的平行线

	立体图	投影图	投影特性
正平线			
水平线			直线在平行的投影面上的投影反映直线的实长,其他两个面的投影为平行于或垂直于相应的投影轴的直线
侧平线			

（1）概念　投影面的平行线是指平行于某一投影面并倾斜于其余两投影面的直线。

（2）分类

① 正平线是指平行于正面（V 面）而倾斜于水平面与侧面的直线。

② 侧平线是指平行于侧面（W 面）而倾斜于水平面与正面的直线。

③ 水平线是指平行于水平面（H 面）而倾斜于正面与侧面的直线。

（3）投影特性

① 在其平行的那个投影面上的投影反映实长,投影与轴的夹角反映直线与另外两投影面倾角。

② 另两个投影面上的投影平行于或垂直于相应的投影轴。

3. 投影面垂直线

投影面的垂直线见表 2.2。

表 2.2　投影面的垂直线

	立体图	投影图	投影特性
铅垂线	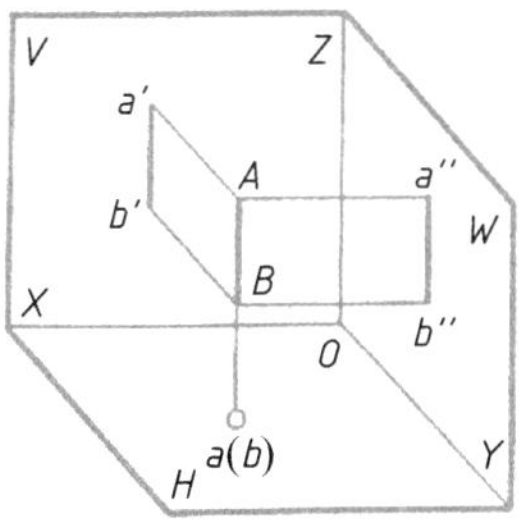	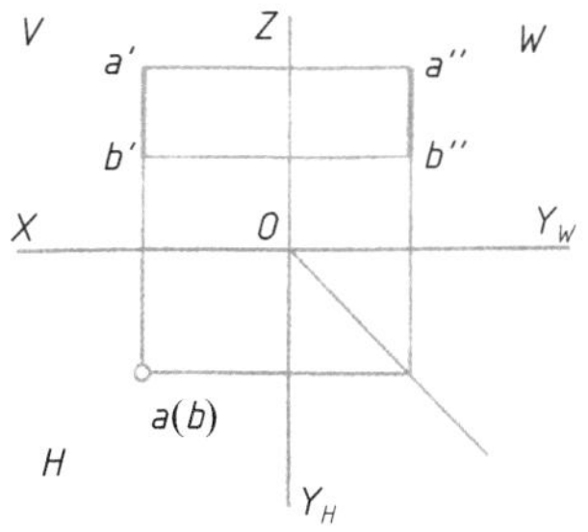	直线在垂直的投影面上的投影积聚为点,其他两个面的投影为平行于或垂直于相应的投影轴的直线
正垂线	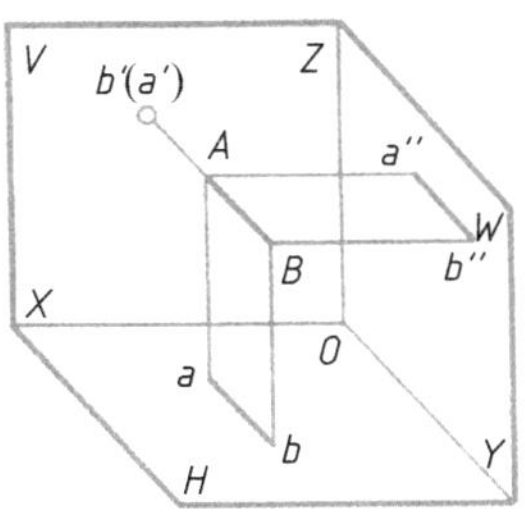	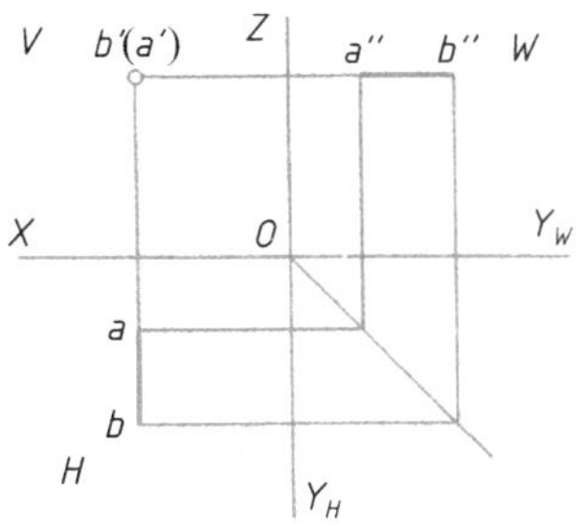	
侧垂线	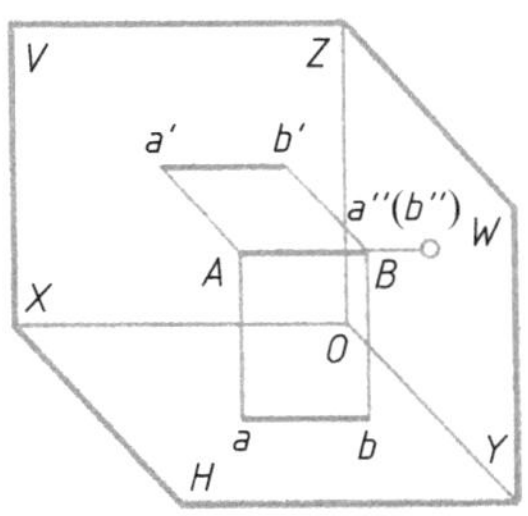	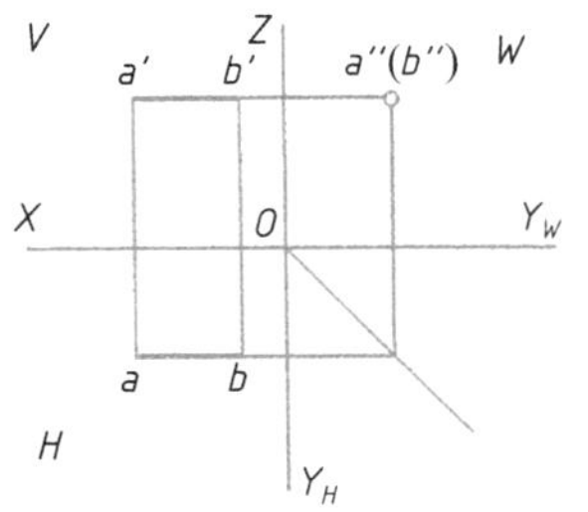	

（1）概念　投影面垂直线是指垂直于某一投影面的直线。

（2）分类

① 正垂线是指垂直于正面（V 面）的直线。

② 侧垂线是指垂直于侧面（W 面）的直线。

③ 铅垂线是指垂直于水平面（H 面）的直线。

（3）投影特性

① 在其垂直的投影面上的投影积聚为点。

② 另外两个投影面上的投影反映线段实长,且垂直于或平行于相应的投影轴。

例 2.5　判断图 2.25 所示的四棱锥各棱的空间位置。

AB、BC、CD、DA 为水平线,SC、SA 为正平线,SB、SD 为侧平线。

3.2.2　点与直线的相对位置

点与直线的相对位置关系有两种,即点在直线上和点不在直线上。若点在直线上,则点的投影必在直线的同面投影上。如图 2.26 所示,点 C 在直线 AB 上,点 C 的三面投影就在直线

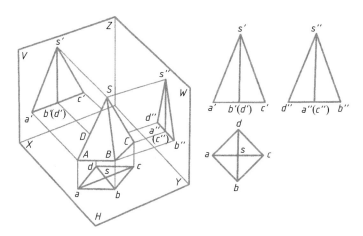

图 2.25 四棱锥

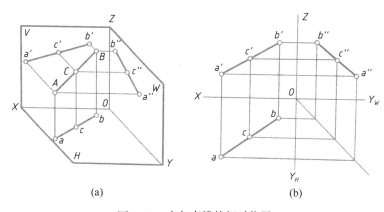

(a)   (b)

图 2.26 点与直线的相对位置

AB 的同面投影上。若点不在直线上,则点的投影不一定在直线的同面投影上。

3.3 平面的投影

平面的投影一般为类似形,可由平面上 3 点的同面投影连线确定。平面按相对于投影面的位置分为 3 类:一般位置平面、投影面平行面、投影面垂直面。

3.3.1 各种位置平面的投影特性

1. 一般位置平面

(1) 概念 一般位置平面是指与 3 个投影面都倾斜的平面,如图 2 - 27 所示。

(2) 投影特性 一般位置平面在 3 个投影面上的投影是一个比实形小,但形状类似,边数相等的类似图形,如图 2.27 所示。

2. 投影面平行面

投影面平行面见表 2.3。

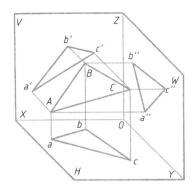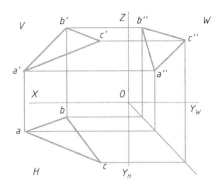

图 2.27　一般位置平面的投影

表 2.3　投影面的平行面

	立体图	投影图	投影特性
正平面			直线在平行的投影面上的投影反映平面的实形,其他两个面的投影为平行或垂直于相应的投影轴的直线
水平面			
侧平面			

（1）概念　投影面的平行面是指平行于某一投影面,而垂直于另两个投影面的平面。

（2）分类

① 正平面是指平行于正面（V 面）的平面。

② 侧平面是指平行于侧面（W 面）的平面。

③ 水平面是指平行于水平面（H 面）的平面。

（3）投影特性　在所平行的投影面上的投影反映实形,另两个投影面上的投影分别积聚成与相应的投影轴平行的直线。

3. 投影面垂直面

投影面垂直面见表 2.4。

表 2.4　投影面的垂直面

	立体图	投影图	投影特性
铅垂面	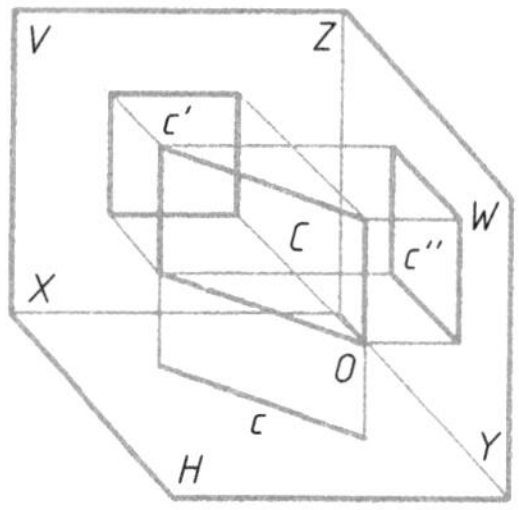	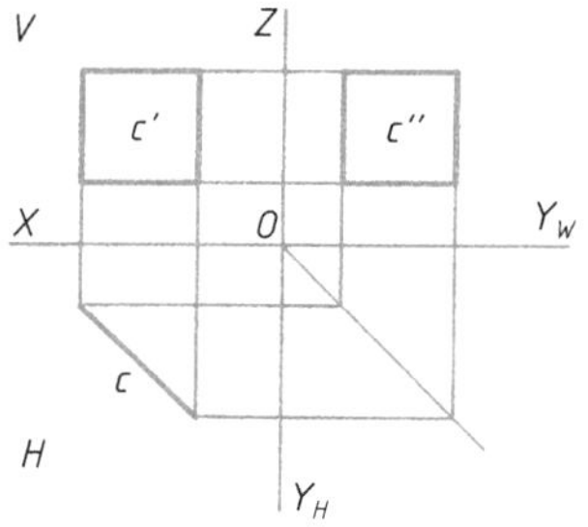	直线在垂直的投影面上的投影积聚为直线,其他两个面的投影为类似形
正垂面	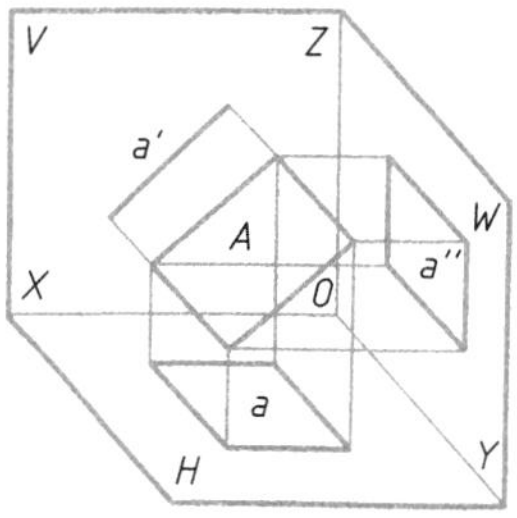	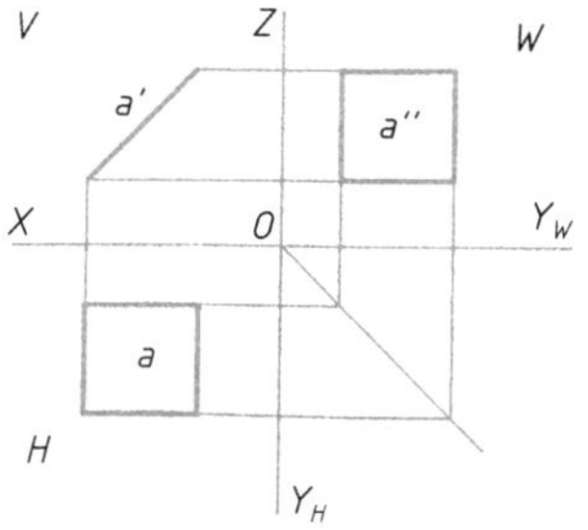	
侧垂面	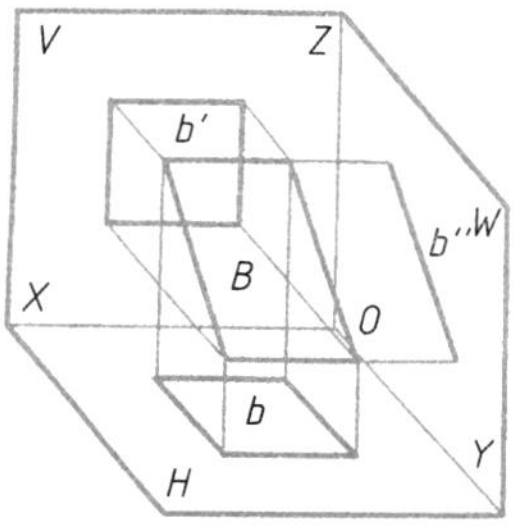	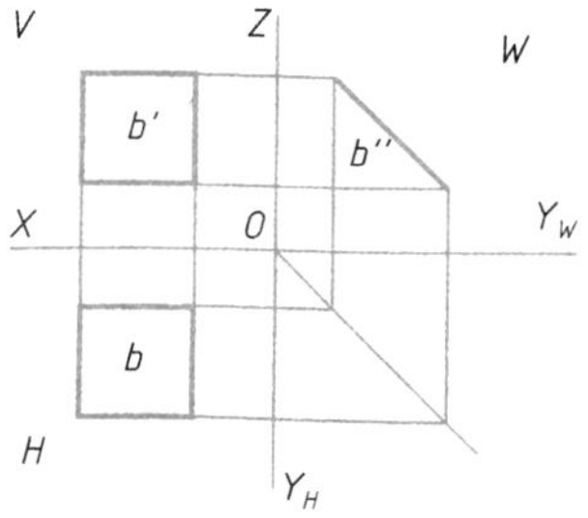	

（1）概念　投影面的垂直面是指垂直于某一投影面而对其余两投影面倾斜的平面。

（2）分类

① 正垂面是指垂直于正面（V 面）而倾斜于侧面和水平面的平面。

② 侧垂面是指垂直于侧面（W 面）而倾斜于正面和水平面的平面。

③ 铅垂面是指垂直于水平面（H 面）而倾斜于正面和侧面的平面。

（3）投影特性　在垂直的投影面上的投影积聚成直线,该投影与投影轴的夹角反映空间平面与另外两投影面夹角的大小,另外两个投影面上的投影为类似形。

例 2.6　判断图 2.25 所示的四棱锥的棱面的空间位置。

平面 SAB、SBC、SCD、SDA 为一般位置平面,平面 $ABCD$ 为水平面。

3.3.3　点与平面的相对位置

点在平面上的一条直线上,则点就在平面内。如图 2.28 所示,点 E 在平面 ABC 内的直线 AD 上,点 E 就在平面 ABC 内。

3.3.4　直线与平面的相对位置

(1) **定理一**　若一直线过平面上的两点,则此直线必在该平面内。

(2) **定理二**　若一直线过平面上的一点,且平行于该平面上的另一直线,则此直线在该平面内。

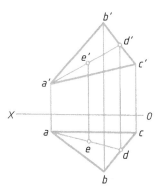

图 2.28　点与平面的相对位置

例 2.7　如图 2.29(a)所示,已知 $\triangle ABC$ 平面内点 E 的 V 面投影 e',求作 E 的 H 面投影。

作图　如图 2.29(b)所示:

(1) 连接 a' 和 e',并延长交 $b'c'$ 于 d'。

(2) 过 d' 点向下作 X 轴的垂线,交 bc 于 d。

(3) 连接 a 和 d,过 e' 点向下作 X 轴的垂线,交 ad 于 e。e 就是 E 的 H 面投影。

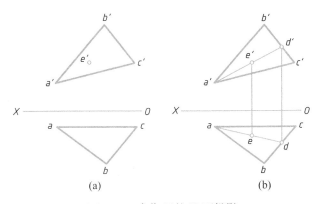

(a)　　　　　　　　　　(b)

图 2.29　求作 E 的 H 面投影

例 2.8　如图 2.30(a)所示,已知五边形 $ABCDE$ 的 V 面投影及 AB、BC 的 H 面投影,完成 H 面投影。

作图　如图 2.30(b)所示:

(1) 连接 a 和 c,连接 a' 和 c'。

(2) 连接 b' 和 e',交 $a'c'$ 于 n';连接 b' 和 d',交 $a'c'$ 于 m'。

(3) 过 n' 和 m' 向下作 X 轴的垂线,分别交 ac 于 n、m 点。

(4) 连接 b 和 n 并延长,过 e' 向下作 X 轴的垂线,交 bn 于 e;连接 b 和 m 并延长,过 d' 向下作 X 轴的垂线,交 bm 于 d。

(5) 连接 a、e、d、c,五边形 $abcde$ 就是五边形 $ABCDE$ 的 H 面投影。

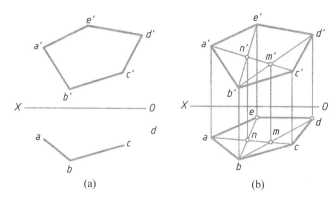

(a)   (b)

图 2.30　完成 H 面投影

例 2.9　　如图 2.31(a)所示,在△ABC 内取一点 M,使点 M 距 V 面 9 mm,距 H 面 14 mm。

作图　如图 2.31(b)所示:

（1）在正面作距离 X 轴 14 mm 的 X 轴的平行线,分别交 $a'c'$ 和 $a'b'$ 于 $1'$、$2'$,过 $1'$ 和 $2'$ 向下作 X 轴的垂线,分别交 ac、ab 于 1、2,连接 1 和 2。

（2）在水平面作距离 X 轴 9 mm 的 X 轴的平行线,分别交 ac 和 bc 于 3、4,连接 3 和 4,与直线 12 相交于 m,过 m 向上作 X 轴的垂线,交 $1'2'$ 于 m',如图 2.31(c)所示。

M 就是在△ABC 内距 V 面 9 mm,距 H 面 14 mm 的点。

分析　平面上取点的方法:首先找出过此点而又在平面内的一条直线作为辅助线,然后再在该直线上确定点的位置。

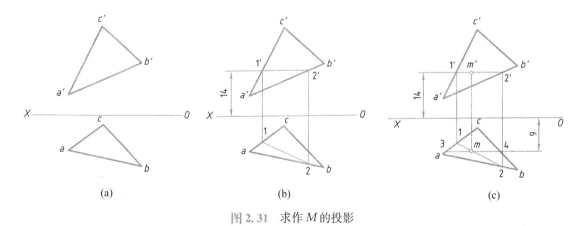

(a)   (b)   (c)

图 2.31　求作 M 的投影

练　习

1. 投影法有哪几类? 其特点各是什么? 简述正投影法的基本特性。

2. 点、直线、平面的正投影规律各是什么? 如果有一平面,其一个投影积聚成直线,另两个投影为类似形线框,那么它是哪类平面?

第❸章

SolidWorks 基础与建模技术

学习目标 了解 SolidWorks 的基本造型和操作；了解 SolidWorks 组合体造型的方法与步骤，应用 SolidWorks 来加强空间想象能力，为后续机械制图课程打好三维造型的基础。

1. SolidWorks 环境简介

SolidWorks 是一个在 Windows 环境下进行机械设计的软件，是一个以设计功能为主的 CAD/CAE/CAM 软件，其界面操作完全使用 Windows 风格，具有人性化的操作界面，从而具备使用简单、操作方便的特点。SolidWorks 是一个基于特征、参数化的实体造型系统，具有强大的实体建模功能；同时也提供了二次开发的环境和开放的数据结构。

SolidWorks 具有开放的系统，添加各种插件后，可实现产品的三维建模、装配校验、运动仿真、有限元分析、加工仿真、数控加工及加工工艺的制定，以保证产品从设计、工程分析、工艺分析、加工模拟、产品制造过程中的数据的一致性，从而真正实现产品的数字化设计和制造，并大幅度提高产品的设计效率和质量。

1.1 工作环境和模块简介

1.1.1 启动 SolidWorks 和界面简介

安装 SolidWorks 后，在 Windows 的操作环境下，选择"开始"→"程序"→"SolidWorks 2016"→"SolidWorks 2016"命令，或者在桌面双击 SolidWorks 2016 的快捷方式图标 📧 ，就可以启动 SolidWorks 2016。也可以直接双击打开已经做好的 SolidWorks 文件，启动 SolidWorks 2016。图 3.1 所示是 SolidWorks 2016 启动后的界面。

这个界面只是显示几个下拉菜单和标准工具栏，选择下拉菜单"文件"→"新建"命令，或单击标准工具栏中按钮 ▢ ，出现"新建 SolidWorks 文件"对话框，如图 3.2 所示。

这里提供了类文件模板，每类模板有零件、装配体和工程图 3 种文件类型，可以根据需要选择一种类型。这里先选择零件，单击【确定】按钮，则出现图 3.3 所示的新建 SolidWorks 零件界面。

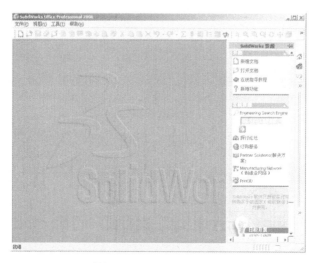

图 3.1　SolidWorks 界面

图 3.2　"新建 SolidWorks 文件"对话框

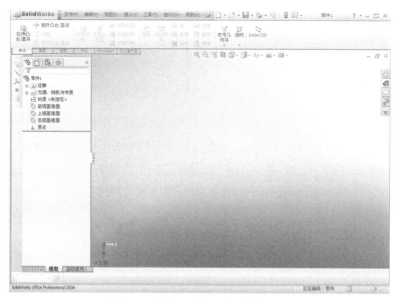

图 3.3　新建 SolidWorks 零件界面

　　这里有下拉菜单和工具栏。整个界面分成两个区域：一个是控制区，另一个是图形区。控制区有 3 个管理器，分别是特征设计树、属性管理器和组态管理器，可编辑。在图形区显示造型、选择对象和绘制图形。特别是下拉菜单几乎包括了 SolidWorks 2016 的所有命令。在常用工具栏没有显示的不常用命令，可以在菜单里找到；常用工具栏的命令按钮，可以根据实际使用情况确定。

　　图形区的视图选择按钮是 SolidWorks 2016 新增功能，单击倒三角按钮，可以选择不同的视图显示方式，如图 3.4 所示。

　　在 SolidWorks 界面单击下拉菜单"文件"→"打开"命令，或单击标准工具栏中按钮 ，出现"打开"文件对话框，如图 3.5 所示。

图 3.4　视图选择按钮

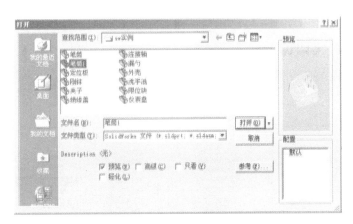

图 3.5　"打开"文件对话框

　　然后，单击"文件"→"保存"命令，或单击标准工具栏中按钮 ，出现"另存为"对话框，如图 3.6 所示。选择保存文件的类型后保存。如果想把文件换成其他类型，在"另存为"对话框中选择新的文件类型然后保存。

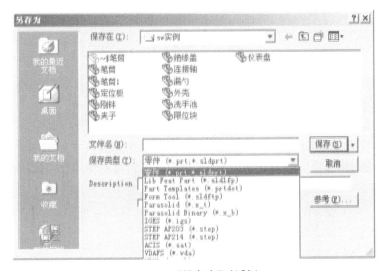

图 3.6　"另存为"对话框

1.1.2　快捷键和快捷菜单

1. 快捷键

快捷键的使用和 Windows 的快捷格式基本上一样，用[Ctrl]＋字母，就可以快捷操作。

2. 快捷菜单

在没有命令执行时，常用快捷菜单有 4 种：一个是图形区的，一个是零件特征表面的，一个是特征设计树里面的，还有就是工具栏里面的。单击右键后就出现如图 3.7 所示的快捷菜单。在有命令执行时，单击不同的位置，也会出现不同的快捷菜单。

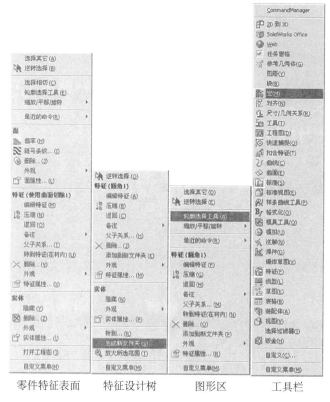

零件特征表面　　特征设计树　　图形区　　工具栏

图 3.7　快捷菜单

3. 鼠标按键功能

（1）左键　选择功能选项或者操作对象。

（2）右键　显示快捷菜单。

（3）中键　只能在图形区使用，一般用于旋转、平移和缩放。在零件图和装配体环境下，按住鼠标中键不放，移动鼠标就可以实现旋转；在零件图和装配体环境下，先按住[Ctrl]键，然后按住鼠标中键不放，移动鼠标就可以实现平移；在工程图环境下，按住鼠标的中键，就可以实现平移；先按住[Shift]键，然后按住鼠标中键移动鼠标就可以实现缩放。如果是带滚轮的鼠标，直接转动滚轮就可以实现缩放。

1.1.3　模块简介

在 SolidWorks 软件里有零件建模、装配体、工程图等基本模块，因为 SolidWorks 软件是一套基于特征的、参数化的三维设计软件,符合工程设计思维,并可以与 CAMWorks 及 DesignWork 等模块构成一套设计与制造结合的 CAD/CAE/CAM 系统,使用它可以提高设计精度和设计效率;可以用插件的形式加进其他专业模块(如工业设计、模具设计、管路设计等)。

特征是指可以用参数驱动的实体模型,是一个实体或者零件的具体构成之一,对应一形状,具有工程上的意义;因此这里的基于特征就是零件模型是由各种特征生成的,零件的设计其实就是各种特征的叠加。

参数化是指对零件上各种特征分别进行各种约束,各个特征的形状和尺寸大小用变量参数来表示,其变量可以是常数,也可以是代数式;若一个特征的变量参数发生变化,则这个零件的这一特征的几何形状或者尺寸大小将发生变化,与这个参数有关的内容都自动改变,用户不需要自己修改。

1. 零件建模

SolidWorks 提供了基于特征的、参数化的实体建模功能,可以通过特征工具进行拉伸、旋转、抽壳、阵列、拉伸切除、扫描、扫描切除、放样等操作,完成零件的建模。建模后的零件,可以生成零件的工程图,还可以插入装配体中形成装配关系,并且生成数控代码,直接进行零件加工。

2. 装配体

在 SolidWorks 中自上而下生成新零件时,要参考其他零件并保持这种参数关系。在装配环境里,可以方便地设计和修改零部件。在自下而上的设计中,可利用已有的三维零件模型,将两个或者多个零件按照一定的约束关系组装,形成产品的虚拟装配,还可以进行运动分析、干涉检查等,因此可以形成产品的真实效果图。

3. 工程图

利用零件及其装配实体模型,可以自动生成零件及装配的工程图。指定模型的投影方向或者剖切位置等,就可以得到需要的图形,且工程图是全相关的。当修改图纸的尺寸时,零件模型、各个视图、装配体都自动更新。

1.2　常用工具栏简介

在 SolidWorks 中有丰富的工具栏。在下拉菜单中选择"工具"→"自定义"命令,或者右键单击工具栏出现的快捷菜单中的"自定义"命令,就会出现"自定义"对话框,如图 3.8 所示。在需要的工具栏前面打钩,就可以显示在界面上。在界面上可以将其拖动到适当的位置,也可以靠边放置。右键单击工具栏快捷菜单,在需要的工具栏前面打钩,或使其前面的图标凹下,显示在界面上,如图 3.7 所示。

在"自定义"对话框中单击"命令"标签,则出现图 3.9 所示的对话框。

利用自定义命令可以增加、删除并且重排工具栏中的命令按钮,将最常用的工具栏命令按钮添加到特定的工具栏上,也可以合理地安排命令按钮的顺序。首先,在类别中选择要添加命令的类别,在按钮栏选择需要添加的命令按钮,按住左键,拖动鼠标移动到要放置的工具按钮位置,即可把需要的命令按钮放到工具栏里面,操作过程如图 3.10 所示。这里是把平行四边形命令放置到草图工具栏里面。同样,在工具栏里面,用左键按住命令按钮。拖动鼠标到自定义对话框的命令标签里面的按钮栏,就可以移除命令按钮,它是添加命令按钮的逆向操作。

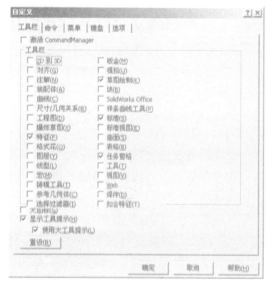

图 3.8 "自定义"对话框

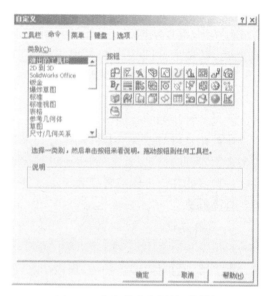

图 3.9 自定义命令标签对话框

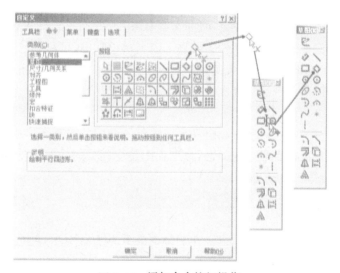

图 3.10 添加命令按钮操作

1.2.1 标准工具栏

标准工具栏如图 3.11 所示。把鼠标放在工具按钮上面,就出现说明,和 Windows 的使用方法一样。

图 3.11 标准工具栏

📖 从零件/装配体制作工程图:生成当前零件或装配体的新工程图。

🔧 从零件/装配体制作装配体:生成当前零件或装配体的新装配体。

重建模型：重建零件、装配体或工程图。

打开系统选项对话框：更改 SolidWorks 选项的设定。

打开颜色属性：将颜色应用到模型中的实体。

打开材质编辑器：将材料及其物理属性应用到零件。

打开纹理属性：将纹理应用到模型中的实体。

切换选择过滤器工具栏：切换到过滤器工具栏显示。

选择按钮：选择草图实体、边线、顶点、零部件等。

视图工具栏如图 3.12 所示。

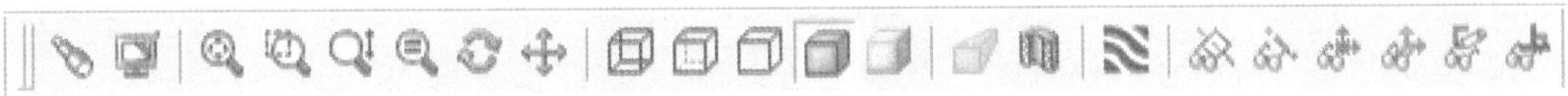

图 3.12　视图工具栏

确定视图的方向：显示一对话框来选择标准或用户定义的视图。

整屏显示全图：缩放模型以符合窗口的大小。

局部放大图形：将选定的部分放大到屏幕区域。

放大或缩小：按住鼠标左键上下移动鼠标放大或缩小视图。

旋转视图：按住鼠标左键拖动鼠标来旋转视图。

平移视图：按住鼠标左键，拖动图形的位置。

线架图：显示模型的所有边线。

带边线上色：以其边线显示模型的上色视图。

剖面视图：使用一个或多个横断面基准面生成零件或装配体的剖切。

斑马条纹：显示斑马条纹，可以看到以标准显示很难看到的面中更改。

观阅基准面：控制基准面显示的状态。

观阅基准轴：控制基准轴显示的状态。

观阅原点：控制原点显示的状态。

观阅坐标系：控制坐标系显示的状态。

1.2.2　草图绘制工具栏简介

如图 3.13 所示，草图绘制工具栏几乎包含了与草图绘制有关的大部分功能，工具按钮很多。

图 3.13　草图绘制工具栏

草图绘制：绘制新草图，或者编辑现有草图。

◇ 智能尺寸：为一个或多个实体生成尺寸。

◣ 直线：绘制直线。

▢ 矩形：绘制矩形。

◉ 多边形：绘制多边形，在绘制多边形后可以更改边数。

◎ 圆：绘制圆，选择圆心然后拖动来设定其半径。

◎ 椭圆：绘制一完整椭圆，选择椭圆中心然后拖动来设定长轴和短轴。

∿ 样条曲线：绘制样条曲线，单击来添加形成曲线的样条曲线点。

＊ 点：绘制点。

🄰 文字：绘制文字。可在面、边线及草图实体上绘制文字。

⌐ 绘制圆角：在交叉点切圆两个草图实体之角，从而生成切线弧。

╲ 绘制倒角：在两个草图实体交叉点添加一倒角。

⫮ 等距实体：通过以一指定距离等距面、边线、曲线或草图实体来添加草图实体。

▣ 转换实体引用：将模型上所选的边线或草图实体转换为草图实体。

✄ 裁剪实体：裁剪或延伸一草图实体以使之与另一实体重合或删除一草图实体。

⚠ 镜像实体：沿中心线镜像所选的实体。

▦ 线性草图阵列：添加草图实体的线性阵列。

❁ 圆周草图阵列：添加草图实体的圆周阵列。

1.2.3 尺寸/几何关系工具栏简介

尺寸/几何关系工具栏用于标注各种控制尺寸，添加各个对象之间的相对几何关系，如图 3.14 所示。

◇ ⊟ ▯ ⊞ ◈ ⊞ ⊟ ⊤ ◇ ⊥ ⩉ ⬚ ＝

图 3.14　尺寸/几何关系工具栏

◇ 智能尺寸：为一个或多个实体生成尺寸。

⊟ 水平尺寸：在所选实体之间生成水平尺寸。

▯ 垂直尺寸：在所选实体之间生成垂直尺寸。

◈ 尺寸链：从工程图或草图的横纵轴生成一组尺寸。

⊞ 水平尺寸链：从第一个所选实体水平测量而在工程图或草图中生成的水平尺寸链。

⊟ 垂直尺寸链：从第一个所选实体垂直测量而在工程图或草图中生成的垂直尺寸链。

◇ 自动标注尺寸：在草图和模型的边线之间生成适合定义草图的自动尺寸。

⊥ 添加几何关系：控制带约束（例如同轴心或竖直）的实体的大小或位置。

⩉ 自动几何关系：打开或关闭自动添加几何关系。

⬚ 显示/删除几何关系：显示和删除几何关系。

= 搜寻相等关系：在草图上搜寻具有等长或等半径的实体。在等长或等半径的草图实体之间设定相等的几何关系。

1.2.4　参考几何体工具栏简介

参考几何体工具栏用于提供生成与使用参考几何体的工具，如图 3.15 所示。

图 3.15　参考几何体工具栏

◇ 基准面：添加一参考基准面。

↘ 基准轴：添加一参考轴。

⊥ 坐标系：为零件或装配体定义一坐标系。

* 点：添加一参考点。

▥ 配合参考：为使用 SmartMate 的自动配合指定用作参考的实体。

1.2.5　特征工具栏简介

特征工具栏提供生成模型特征的工具，其中命令功能很多，如图 3.16 所示。特征包括多实体零件功能。可在同一零件文件中包括单独的拉伸、旋转、放样或扫描特征。

图 3.16　特征工具栏

▣ 拉伸凸台/基体：以一个或两个方向拉伸一草图或绘制的草图轮廓生成一实体。

⊕ 旋转凸台/基体：绕轴心旋转一草图或所选草图轮廓生成一实体特征。

▤ 扫描：沿开环或闭合路径，通过扫描闭合轮廓生成实体特征。

▵ 放样凸台/基体：在两个或多个轮廓之间添加材质生成实体特征。

▦ 拉伸切除：以一个或两个方向拉伸所绘制的轮廓切除一实体模型。

▧ 旋转切除：通过绕轴心旋转绘制的轮廓切除实体模型。

▨ 扫描切除：沿开环或闭合路径通过扫描闭合轮廓切除实体模型。

▩ 放样切除：在两个或多个轮廓之间通过移除材质切除实体模型。

◐ 圆角：沿实体或曲面特征中的一条或多条边线生成圆形内部面或外部面。

◑ 倒角：沿边线、一串切边或顶点生成一倾斜的边线。

✋ 筋：给实体添加薄壁支撑。

▤ 抽壳：从实体移除材料生成一个薄壁特征。

▣ 简单直孔：在平面上生成圆柱孔。

▨ 异型孔向导：用预先定义的剖面插入孔。

▥ 孔系列：在装配体系列零件中插入孔。

特型：通过扩展、约束及紧缩曲面将变形曲面添加到平面或非平面上。

弯曲：弯曲实体和曲面实体。

线性阵列：以一个或两个线性方向阵列特征、面及实体。

圆周阵列：绕轴心阵列特征、面及实体。

1.2.6 工程图工具栏简介

工程图工具栏提供对齐尺寸及生成工程视图的工具，如图 3.17 所示。一般来说，工程图包含几个由模型建立的视图，也可以由现有的视图建立视图。例如，剖面视图是由现有的工程视图所生成的。

图 3.17 工程图工具栏

模型视图：根据现有零件或装配体添加正交或命名视图。

投影视图：从一个已经存在的视图展开新视图而添加一投影视图。

辅助视图：从一线性实体(边线、草图实体等)通过展开一新视图而添加一视图。

剖面视图：以剖面线切割父视图来添加一剖面视图。

旋转剖视图：使用一角度连接的两条直线来添加对齐的剖面视图。

局部视图：添加一局部视图来显示一视图某部分，通常放大比例。

相对视图：添加一个由两个正交面或基准面及其各自方向定义的相对视图。

标准三视图：添加 3 个标准、正交视图。视图的方向可以为第一角或第三角。

1.2.7 装配体工具栏简介

装配体工具栏用于控制零部件的管理、移动及其配合，插入智能扣件，如图 3.18 所示。

图 3.18 装配体工具栏

插入零部件：添加一现有零件或子装配体到装配体。

新零件：生成一个新零件并插入到装配体中。

新装配体：生成新装配体并插入到当前的装配体中。

大型装配体：为此文件切换大型装配体模式。

隐藏/显示零部件：隐藏或显示零部件。

更改透明度：在 0～75% 之间切换零部件的透明度。

改变压缩状态：压缩或还原零部件。压缩的零部件不装入内存中或不可见。

编辑零部件：编辑零部件或子装配体和主装配体之间的状态。

无外部参考：外部参考在生成或编辑关联特征时不会生成。

智能扣件：使用 SolidWorks Toolbox 标准件库将扣件添加到装配体。

制作智能零部件：随相关联的零部件/特征定义智能零部件。

配合：定位两个零部件使之相互配合。

移动零部件：在由其配合所定义的自由度内移动零部件。

旋转零部件：在由其配合所定义的自由度内旋转零部件。

替换零部件：以零件或子装配体替换零部件。

替换配合实体：替换所选零部件或整个配合组的配合实体。

爆炸视图：将零部件分离成爆炸视图。

爆炸直线草图：添加或编辑显示爆炸的零部件之间几何关系的 3D 草图。

干涉检查：检查零部件之间的任何干涉。

装配体透明度：设定除在关联装配体中正被编辑的零部件以外的零部件透明度。

模拟工具栏：显示或隐藏模拟工具栏。

1.2.8　退回控制棒简介

有时需要在中间增加新的特征或者需要编辑某一特征,可以利用退回控制棒。将退回控制棒移动到要增加特征或者编辑的特征下面,将模型暂时恢复到其以前的状态,并压缩控制棒下面的那些特征。压缩后的特征在特征设计树中变成灰色,而新增加的特征在特征设计树中位于被压缩的特征的上面。

将鼠标放到特征设计树的设计树下方的一条黄线上,鼠标的指针标记由 变成 后,单击鼠标左键,黄线变成蓝色。然后移动 向上,拖动蓝线到要增加或者编辑的部位的下方,即去掉后面的特征的图形,此时设计树控制棒下面的特征变成灰色,如图 3.19 所示。做完后,可以继续拖动 向下到最后,显示所有的特征。在要增加或者编辑的位置下面的特征上,单击鼠标右键,出现快捷菜单,选择"退回"选项,即可回退到这个特征之前的造型。编辑结束后,右击退回控制棒下面的特征,出现如图 3.20 所示的快捷菜单,选择其中一个选项。

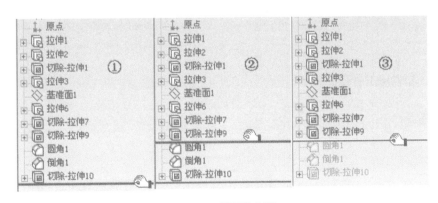

图 3.19　退回控制棒

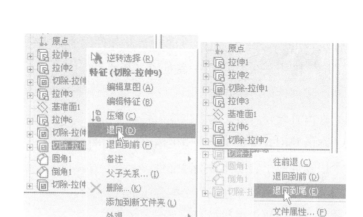

图 3.20 退回控制棒快捷菜单

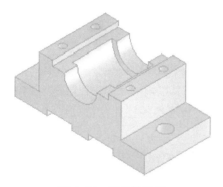

图 3.21 零件的造型

1.3 操作实例

如图 3.21 所示,造型操作步骤:

(1) 打开 SolidWorks 界面后,单击"文件"→"新建"命令或者单击按钮 □,出现"新建 SolidWorks 文件"对话框,选择"零件"命令后单击【确定】按钮,出现新建文件界面,首先单击【保存】按钮,将这个文件保存为"底座"。

(2) 在控制区单击"前视基准面",然后在草图绘制工具栏单击按钮 ☑,出现如图 3.22 所示的草图绘制界面;在图形区单击鼠标右键,取消选中快捷菜单的"显示网格线"复选框,在图形区就没有网格线了。在作图的过程中,由于实行参数化,一般不用网格,因此在以后的作图中都去掉网格。

图 3.22 草图绘制界面

（3）单击绘制"中心线"按钮 ，在图形区过原点绘制一条中心线，然后单击"直线"按钮
，在图形区绘制如图 3.23 所示的图形。需要注意各条图线之间的几何关系。不需要具体确定尺寸，只需确定其形状即可，实际大小是在参数化的尺寸标注中确定的。

提示 在图 3.23 所示草图中， 表示竖直； 表示水平； 表示重合。例如，显示两个
符号，表示左边的 上面的直线和原点重合。最后按住［Ctrl］键，单击选择圆弧的圆心和圆弧的起点，在属性管理器中"添加尺寸关系"中选择水平；同样选择圆弧的圆心和圆弧的终点，在属性管理器中"添加尺寸关系"中选择垂直。不需要显示这些几何关系，则单击视图工具栏的按钮 ，使其浮起；需要显示，使其凹下。

画图中，右上角的圆弧是在画完一段直线后，将鼠标靠近刚才确定的直线的终点，这时鼠标的标记后面由原来的直线图案变成一对同心圆的图案；或者单击鼠标右键，在弹出的快捷菜单中选择转到圆弧，这时就可以画圆弧了，如图 3.24 所示。

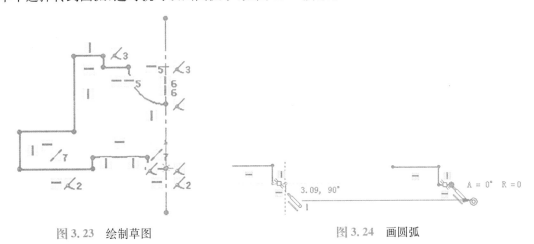

图 3.23 绘制草图   图 3.24 画圆弧

（4）单击工具栏"智能尺寸"按钮 ，标注尺寸。要标注一条直线的长度，单击这条直线就会自动标注尺寸。此时的尺寸不是所要求的尺寸，鼠标确定尺寸的位置，单击鼠标左键，出现"修改"对话框，如图 3.25(a) 所示。在对话框中输入实际尺寸大小，单击按钮 或者按回车键即可；标注圆或者圆弧的尺寸操作相同。如图 3.25(b) 所示，鼠标单击一条直线的中心线，然后将鼠标拉到中心线的另一边，出现对边距的标注。标注结束后，如图 3.26 所示。

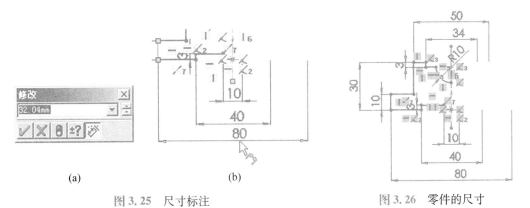

(a)   (b)

图 3.25 尺寸标注   图 3.26 零件的尺寸

（5）单击工具栏的"镜像实体"按钮 ，则在控制区显示"属性管理器"，如图 3.27 所示。在选项"要镜像的实体"中选择图形左面直线和圆弧共 12 个，"镜像点"选择中心线，然后单击按钮 ，图形如图 3.28 所示。

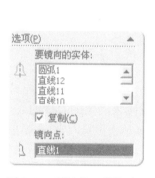

图 3.27　属性管理器的选项

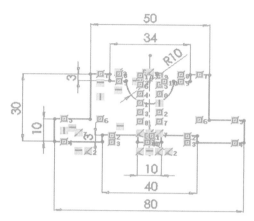

图 3.28　零件草图 1

（6）单击特征工具栏的"拉伸凸台、基体"按钮 后，图形区和控制区如图 3.29 所示，在"属性管理器"中的"从（F）"的"开始条件"选择"草图基准面"选项，"方向 1"中的"终止条件"选择"两侧对称"选项，"深度"栏输入 40 mm 后，单击按钮 ，出现图 3.30 所示图形。

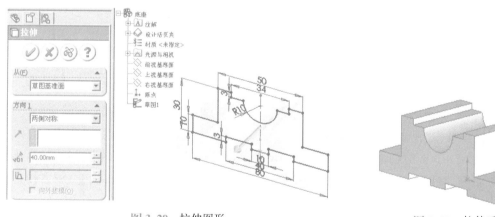

图 3.29　拉伸图形

图 3.30　拉伸后实体

（7）继续单击"前视基准面"，在草图绘制工具栏单击 按钮，然后单击"正视于"按钮 ，出现图 3.31（a）所示的图形。然后用"圆心/起点/终点画弧"按钮 画圆弧，再执行"直线" 命令，单击"智能尺寸" 按钮标注尺寸，即可画出如图 3.31（b）所示的图形。

（a）　　　　　　　　　　（b）

图 3.31　零件草图 2

(8) 单击特征工具栏的"拉伸切除"按钮 ，图形区和控制区如图 3.32(a)所示，在"属性管理器"中的"从(F)"的"开始条件"选择"草图基准面"选项，"方向 1"中的"终止条件"选择"两侧对称"选项，"深度"栏输入 24 mm 后，单击按钮 ✅，即可出现图 3.32(b)所示图形。

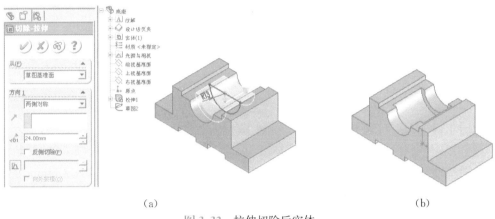

(a)　　　　　　　　　　　　　　　　　(b)

图 3.32　拉伸切除后实体

(9) 单击实体底板的下底面(选择上面是一样的做法)，选定。单击草图绘制工具栏的按钮 ✍，单击控制区的"上视基准面"后，单击"正视于"按钮 ⬆，开始画草图。单击"中心线"按钮 ∣，先画出图形的两条对称中心线和一条圆弧的中心线，如图 3.33(a)所示；在左边中心线的交点处，单击"圆"绘制命令按钮 ⊙，单击"智能尺寸"按钮 ✍ 标注尺寸，如图 3.33(b)所示；单击"镜像实体"按钮 ⚠，选择圆和短的中心线为"要镜像的实体"，"镜像点"选择中间垂直的中心线，勾选"复制"，单击按钮 ✅，则可以作出草图，如图 3.33(c)所示。

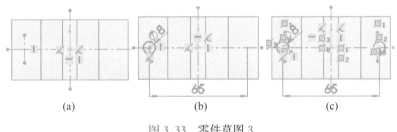

(a)　　　　　　　　　　　(b)　　　　　　　　　　　(c)

图 3.33　零件草图 3

(10) 单击特征工具栏的"拉伸切除"按钮 ，在"属性管理器"中的"从(F)"的"开始条件"选择"草图基准面"选项，"方向 1"中的"终止条件"选择"完全贯穿"选项，单击按钮 ✅，即可出现图 3.34 所示图形。

(11) 选择实体的最上面，选定，单击"草图绘制"工具栏的按钮 ✍，单击控制区的"上视基准面"后，单击"正视于"按钮 ⬆，开始画草图。单击"中心线"按钮 ∣，先画出图形的两条对称中心线和一个圆的对称中心线；单击"智能尺寸"按钮 ✍ 标注尺寸，如图 3.35(a)所示；单

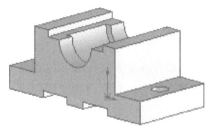

图 3.34　两边穿孔后的实体

击"镜像实体"按钮 ⚠ ,同样做两次镜像实体,则可以作出草图,如图 3.35(b)所示。

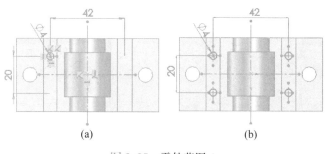

图 3.35　零件草图 4

　　(12) 单击特征工具栏的"拉伸切除"按钮 ▣ ,在"属性管理器"中的"从(F)"的"开始条件"选择"草图基准面","方向 1"中的"终止条件"选择"给定深度","深度"栏输入 12 mm 后,单击按钮 ✅ ,即可完成穿孔后的实体;右击原点,在弹出的快捷菜单中选择"隐藏"选项或者单击视图工具栏的"观阅原点"按钮 ☀ ,使其凸起,出现图 3.21 所示图形,实体造型完成。

2. SolidWorks 建模技术

2.1　建模技术概述

　　SolidWorks 软件有零件、装配体、工程图 3 个主要模块,和其他三维 CAD 一样,都是利用三维设计方法,建立三维模型。新产品在研制开发的过程中,需要经历 3 个阶段,即方案设计阶段、详细设计阶段、工程设计阶段。根据产品研制开发的 3 个阶段,SolidWorks 软件提供了两种建模技术:一个是基于设计过程的建模技术,就是自顶向下建模;另一个是根据实际应用情况,一般三维 CAD 开始于详细设计阶段,其建模技术就是自底向上建模。

2.2　自顶向下建模

　　自顶向下建模是符合一般设计思路的建模技术,随网络技术日益发展,这种方式逐渐趋于成熟。在装配环境下进行零件设计,可以利用"转换实体引用"工具按钮 ▣ ,将已经生成的零件的边、环、面、外部草图曲线、外部草图轮廓、一组边线或者一组外部草图曲线等投影到草图基准面中,在草图上生成一个或者多个实体,这样可以避免单独零件设计可能造成的尺寸等各方面的冲突。

　　基于设计过程的建模技术,是比较彻底的自顶向下的建模方法。首先在装配环境下绘制一个描述各个零件轮廓和位置关系的装配草图,然后在这个装配环境下进入零件编辑状态,绘制草图轮廓。草图轮廓要同装配草图尺寸一致。利用"转换实体引用"工具按钮 ▣ 操作,这样零件草图同装配草图形成父子关系,改变装配草图,就会改变零件的尺寸。在装配环境下,其过程为:装配草图→零件草图→零件→装配体。

　　另一个比较实用的自顶向下的建模方式,实际应用也比较多。首先选择一些在装配体中关联关系少的零件,建立零件草图,生成零件模型,然后在装配环境下,插入这些零件,并设置它们之间的装配关系。参照这些已有的零件尺寸,生成新的零件模型,完成装配体。这样也可以避免零件间的冲突。在装配环境下,其过程为:零件草图→零件(部分)→装配(部分)→生成新零件草图→生成新零件→装配(完整)。

2.3　自底向上建模

自顶向下建模虽然符合一般设计思路,但是在目前环境下,还不很理想。在方案设计阶段,由工程技术人员根据经验设计,目前的三维 CAD 软件一般都是在详细设计阶段介入的。SolidWorks 常用在以零件为基础建模中,这就是自底向上建模技术,也就是建立零件,再装配。SolidWorks 的参数化功能,可以根据情况随时改变零件的尺寸,而且其零件、装配体和工程图之间相互关联,可以在其中任何一个模块修改尺寸,所有的模块的尺寸都改变,这样可以大大地减少设计人员的工作量。在建立零件模型后,可以在装配环境下直接装配,生成装配体;然后单击"干涉检查"按钮 。若有干涉,可以直接在装配环境下编辑零件,完成设计。自底向上建模技术的过程为:零件草图→零件→装配体。

3. 简 单 演 练

3.1　零件的建模过程

SolidWorks 的零件建模过程,实际就是构建许多简单的特征。它们之间相互叠加、切割或者相交。零件的建模过程可以分成如下 5 个步骤:

(1) 进入零件的创建界面。

(2) 分析零件,确定零件的创建顺序。

(3) 画出零件草图,创建和修改零件的基本特征。

(4) 创建和修改零件的其他辅助特征。

(5) 完成零件所有的特征,保存零件的造型。

3.2　烟灰缸零件建模过程

(1) 启动 SolidWorks,选择"文件"→"新建"→"零件"命令,确定进入绘图环境,单击 将零件存盘为"烟灰缸. SLDPRT"。

(2) 在屏幕左边设计树中选择上视基准面,单击标准视图工具栏中的 。单击"草图绘制"按钮 ,进入草图绘制方式,选择下拉菜单"工具"→"草图绘制实体"→"矩形"命令,或从草图工具条中单击 图标,绘制草图,主要起点在原点;然后选择下拉菜单"工具"→"草图绘制实体"→"中心线"命令,或从草图工具条中单击 图标,画出中心对称线,同时选择下拉菜单"工具"→"草图绘制实体"→"点"命令,或从草图工具条中单击 图标,在中心线的交点处绘制一个点(为后面的基准轴做准备)。选择下拉菜单"工具"→"标注尺寸"→"智能尺寸"命令,或从草图工具条中单击 图标,标注尺寸,如图 3.36 所示。

（3）选择"插入"→"凸台/基体"→"拉伸"命令，或单击特征工具栏中"拉伸"按钮 📇，参数设置如图 3.37 所示，单击按钮 ✅。

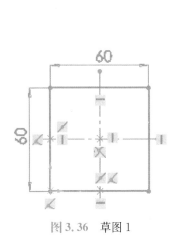

图 3.36　草图 1

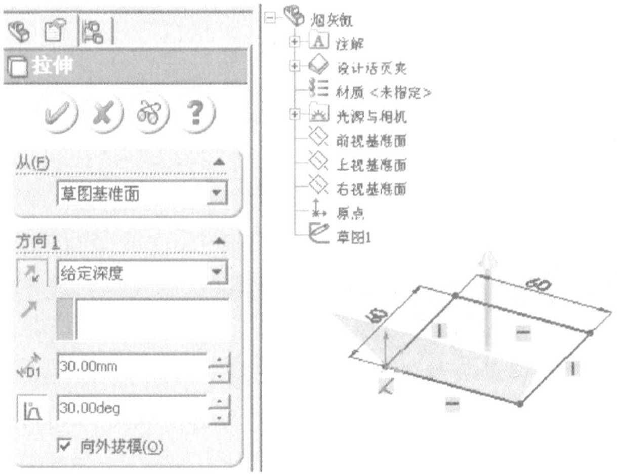

图 3.37　拉伸特征

（4）单击模型的上表面，选择"插入"→"特征"→"抽壳"命令，或单击特征工具栏中"抽壳"按钮 📦，如图 3.38 所示，单击按钮 ✅。

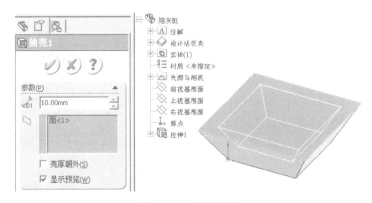

图 3.38　抽壳特征

（5）选择"插入"→"特征"→"圆角"命令，或单击特征工具栏中"圆角"按钮 🔘，选择模型所有的边线，如图 3.39 所示，选择"等半径"选项，"圆角项目"中半径输入 5，单击按钮 ✅。

（6）在屏幕左边设计树中选择前视基准面，单击标准视图工具栏中的 📐。单击"草图绘制"按钮 📝，进入草图绘制方式。选择下拉菜单"工具"→"草图绘制实体"→"中心线"命令，或从草图工具条中单击 ┆ 图标，绘制中心线，选择下拉菜单"工具"→"草图绘制实体"→"圆"命令，或从草图工具条中单击 ⊙ 图标，绘制草图；选择下拉菜单"工具"→"标注尺寸"→"智能尺寸"命令，或从草图工具条中单击" ◇ "图标，标注尺寸如图 3.40 所示。

（7）选择"插入"→"切除"→"拉伸"命令，或单击特征工具栏中"拉伸切除"按钮 📇，参数设置如图 3.41 所示，单击按钮 ✅。

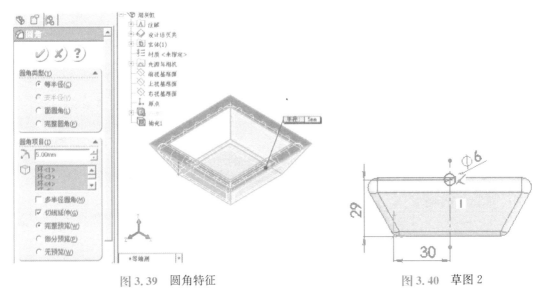

图 3.39　圆角特征　　　　　　　　　　图 3.40　草图 2

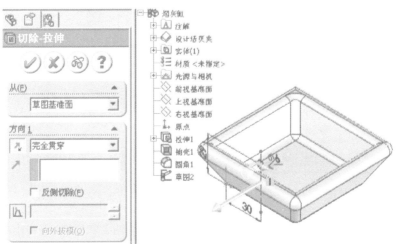

图 3.41　拉伸切除特征

　　（8）此时拉伸切除的半径比较小，需要增大。在设计树区域单击"拉伸切除 1"前面的加号，出现"草图 2"，右击选择快捷菜单的"编辑草图"选项，在图形区双击尺寸 ϕ 6，将 ϕ 6 改为 ϕ 8，然后单击工具按钮 ，图形自动改变。

　　（9）在设计树区域单击"拉伸 1"前面的加号，出现"草图 1"，右击选择快捷菜单的"显示"。选择下拉菜单"插入"→"参考几何体"→"基准轴"命令，或单击参考几何体工具栏中"基准轴"按钮 ，在属性管理器里面选择"点和面/基准面"，上面的参考实体里面选择草图 1 的中心点和上视基准面，如图 3.42 所示，单击按钮 。

　　（10）选择下拉菜单"插入"→"阵列/镜像"→"圆周阵列"命令，或单击特征工具栏中"圆周阵列"按钮 ，在属性管理器中"阵列轴"选择基准轴 1，"角度"输入 360，"实例数"输入 4，勾选"等间距"，"要阵列的特征"选择切除—拉伸 1，如图 3.43 所示，单击按钮 。

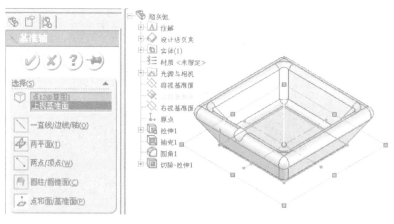

图 3.42　基准轴

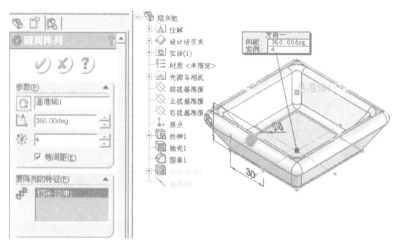

图 3.43　圆周阵列

（11）右键分别单击设计树中的"草图 1"、图形区的基准轴 1 和原点,在弹出的快捷菜单中选择"隐藏"选项,然后选择下拉菜单"视图"→"显示"→"上色"命令,则出现图 3.44(a)所示图形;同样选择下拉菜单选择"编辑"→"外观"→"颜色"命令("纹理"和"材质")对各个表面进行设置,可以选择一个或者多个表面设置,可以得到各种不同的图案,这里设置如图 3.44(b)所示图形。

（a）　　　　　　　　　　　（b）

图 3.44　上色和外观的修饰

3.3　阀体零件的建模过程

（1）启动 SolidWorks，选择"文件"→"新建"→"零件"命令，确定进入绘图环境，单击 🖫 将零件存盘为"阀体.SLDPRT"。

（2）首先绘制如图 3.45 所示的图形。

（3）在屏幕左边设计树中选择上视基准面，单击标准视图工具栏中的 🔱 。单击"草图绘制"按钮 🖫 ，进入草图绘制方式。选择下拉菜单"工具"→"草图绘制实体"→"矩形"命令，或从草图工具条中单击 ▭ 图标，绘制草图；然后选择下拉菜单"工具"→"草图绘制实体"→"中心线"命令，或从草图工具条中单击 ┃ 图标，画出中心对称线，注意确定原点的位置；选择下拉菜单"工具"→"草图绘制实体"→"圆"命令，或从草图工具条中单击 ⊙ 图标，在矩形的一个角处绘制一个圆；选择下拉菜单"工具"→"草图绘制工具"→"镜像"，或从草图工具条中单击 ⚠ 图标，出现如图 3.46(a)所示的图形，在"要镜像的实

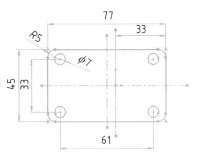

图 3.45　阀体的草图 1

体"框里面选择圆弧1，在"镜像点"框里面选择直线 6，单击按钮 🖉 ；继续做镜像，这次选择两个圆实体，"镜像点"选择垂直的中心线，单击按钮 🖉 ；按住［Ctrl］键，分别单击矩形的上下两条边线和水平中心线，出现属性管理器，在添加几何关系里面单击"对称"，如图 3.46(b)所示。单击按钮 🖉 后，继续按住［Ctrl］键，选择矩形两条竖线和左边中心线，做对称；选择下拉菜单"工具"→"草图绘制工具"→"圆角"命令，或从草图工具条中单击 🖳 图标，在属性管理器中，输入半径5，如图 3.46(c)所示，然后分别单击矩形的角的两条边线，做出圆角；选择下拉菜单"工具"→"标注尺寸"→"智能尺寸"命令，或从草图工具条中单击 🖉 图标，标注尺寸如图 3.45所示。

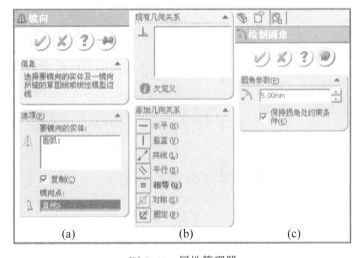

图 3.46　属性管理器

（4）选择"插入"→"凸台/基体"→"拉伸"命令，或单击特征工具栏中"拉伸"按钮 🗔 ，参数设置如图 3.47 所示，单击按钮 ✅ ，这样就可以得到底板。

（5）选择零件的上表面，单击"草图绘制"按钮 💽 ，在控制区单击"上视"，然后单击"正视于"按钮 🔱 ，选择下拉菜单"工具"→"草图绘制实体"→"圆"命令，或从草图工具条中单击 ⊙ 图标，选择原点作为圆心，绘制圆，选择下拉菜单"工具"→"标注尺寸"→"智能尺寸"命令，或从草图工具条中单击 ⊘ 图标，标注尺寸如图 3.48 所示。

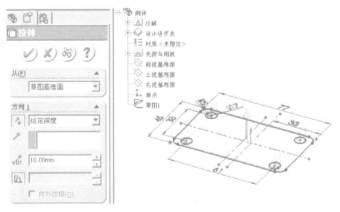
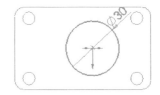

图 3.47　阀体的拉伸特征 1　　　　　　　　　　图 3.48　阀体草图 2

（6）选择"插入"→"凸台/基体"→"拉伸"命令，或单击特征工具栏中"拉伸"按钮 🗔 ，参数设置如图 3.49 所示，单击按钮 ✅ 。

（7）选择右视基准面，先单击"正视于"按钮 🔱 ，再单击"草图绘制"按钮 💽 ，绘制草图 3，如图 3.50 所示。

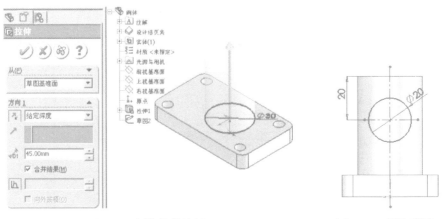

图 3.49　阀体拉伸特征 2　　　　　　　　　　图 3.50　阀体草图 3

（8）选择"插入"→"凸台/基体"→"拉伸"命令，或单击特征工具栏中"拉伸"按钮 🗔 ，参数设置如图 3.51 所示，注意单击给定深度前面的按钮 ⬔ ，确定拉伸的方向，单击按钮 ✅ 。

（9）选择刚才拉伸的圆柱左上表面，单击"草图绘制"按钮 🖉，选择右视基准面，单击"正视于"按钮 🔒，绘制草图如图 3.52 所示，单击控制区的拉伸 3 前面的加号，出现草图 3，右击，在快捷菜单中选择"显示"选项，过圆心做垂直的中心线，然后做圆和圆弧。可以利用镜像来做，标注尺寸，做直线，然后利用添加几何关系按钮 🔒，使直线和圆弧相切；选择"工具"→"草图绘制工具"→"剪裁"命令，或单击草图绘制工具栏中"剪裁实体"按钮 🗲，将多余的线段删除，即可得到图 3.52 所示的草图 4。

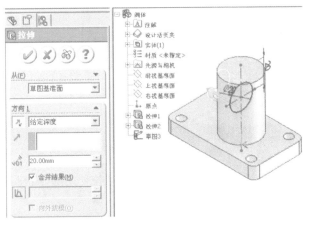

图 3.51　阀体拉伸特征 3

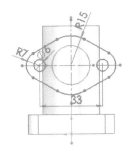

图 3.52　阀体草图 4

（10）选择"插入"→"凸台/基体"→"拉伸"命令，或单击特征工具栏中"拉伸"按钮 🖫，参数设置如图 3.53 所示，单击按钮 🖉。

（11）选择竖立圆柱上表面，单击"草图绘制"按钮 🖉，选择上视基准面，单击"正视于"按钮 🔒，绘制一个直径为 12 mm 的圆，圆心和原点重合，草图如图 3.54 所示。

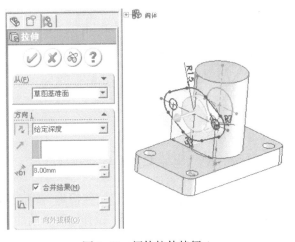

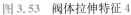

图 3.53　阀体拉伸特征 4

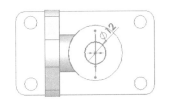

图 3.54　阀体草图 5

（12）选择"插入"→"切除"→"拉伸"命令，或单击特征工具栏中"拉伸切除"按钮 🖾，参数设置如图 3.55 所示，单击按钮 🖉。

（13）选择底板的下表面，单击"草图绘制"按钮 ，选择上视基准面，单击"正视于"按钮 ，绘制一个直径为 20 mm 的圆，圆心和原点重合，草图如图 3.56 所示。

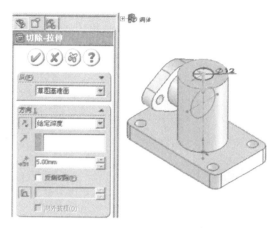

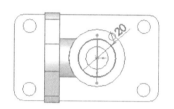

图 3.55　阀体拉伸切除特征 1　　　　　图 3.56　阀体草图 6

（14）选择"插入"→"切除"→"拉伸"命令，或单击特征工具栏中"拉伸切除"按钮 ，参数设置如图 3.57 所示，单击按钮 。

（15）选择阀体左边拉伸 4 的左表面，单击"草图绘制"按钮 ，选择右视基准面，单击"正视于"按钮 ，绘制一个直径为 10 mm 的圆，圆心和草图 3 圆心重合，草图如图 3.58 所示。

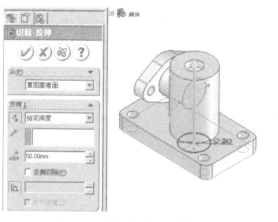

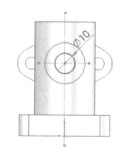

图 3.57　阀体拉伸切除特征 2　　　　　图 3.58　阀体草图 7

（16）选择"插入"→"切除"→"拉伸"命令，或单击特征工具栏中"拉伸切除"按钮 ，参数设置如图 3.59 所示，"终止条件"选择：成形到一面，"面/平面"选择：拉伸切除 2 的曲面，然后单击按钮 ，即可得到图 3.60 所示的图形。

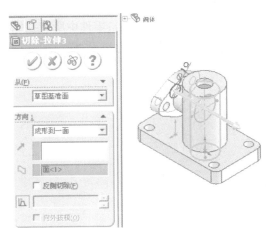

图 3.59　阀体拉伸切除特征 3

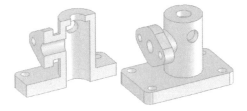

图 3.60　阀体

练　习

1. 在 SolidWorks 中完成图 3.61 所示零件，并计算出该零件的质量。

原点：任意位置；单位：MMGS；小数：2 位；材料：6061 合金；零件中所有孔完全贯穿；未注明圆角为 R8。

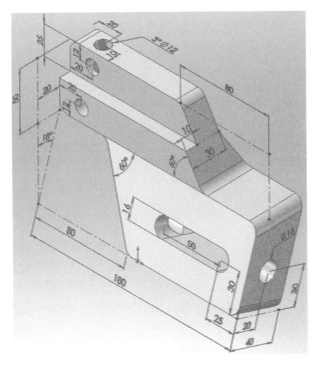

图 3.61　零件

2. 在 SolidWorks 中完成图 3.62 所示零件,并计算出该零件的质量。

原点:任意位置;单位:IPS;小数:2 位;材料:铜(密度 0.32 g/mm³);零件中所有孔完全贯穿;未注明孔和圆角大小分别为 $\phi 1$ 和 0.3。其中,$A=5.00$,$B=6.00$,$C=5.00$,$D=18°$。

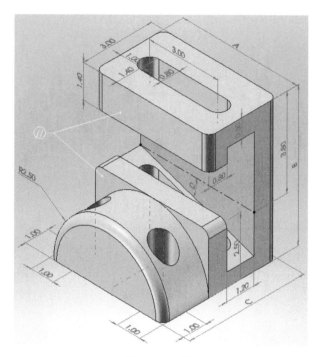

图 3.62　零件

第 ④ 章

立体及表面交线

学习目标 掌握基本体以及切割体的投影特点和画法,研究立体及表面交线的作图方法。

1. 平面体的投影作图

任何物体都可以看成由若干基本体组合而成。基本体有平面体和曲面体两类。平面体的每个表面都是平面,如棱柱、棱锥;曲面体至少有一个表面是曲面,常见的曲面体为回转体,如圆柱、圆锥、圆球等。

工程上常见的形体多数具有立体切割或两立体相交而形成截交线或相贯线,如图 4.1 所示。了解这些交线的性质并掌握交线的画法,有助于正确表达机件的结构形状以及读图时对机件进行形体分析。

| (a) 压块 | (b) 顶尖 | (c) 三通管 |

图 4.1 立体表面交线实例

1.1 棱柱

棱柱的棱线互相平行。常见的棱柱有三棱柱、四棱柱、五棱柱和六棱柱等。下面以六棱柱为例,分析其投影特征和作图方法。

1.1.1 投影分析

如图 4.2 所示,正六棱柱的顶面和底面是互相平行的正六边形,6 个棱面均为矩形,且与顶面和底面垂直。为作图方便,选择正六棱柱的顶面和底面平行于水平面,并使前、后两个棱面与正面平行,如图 4.2(a)所示。

正六棱柱的投影特征是:顶面和底面的水平投影重合,并反映实形——正六边形,六边形的正面和侧面投影均积聚为直线;6 个棱面的水平投影分别积聚为六边形的 6 条边;由于前、后两个棱面平行于正面,所以正面投影反映实形,侧面投影积聚成两条直线;其余棱面不平行于正面和侧面,所以它们的正面和侧面投影虽仍为矩形,但都小于原形。如图 4.2(a)所示,正六棱柱的正面投影为 3 个可见的矩形,侧面投影为 2 个可见的矩形。

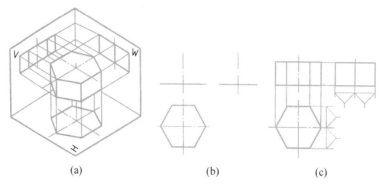

图 4.2　正六棱柱的投影作图

1.1.2　作图步骤

(1) 作正六棱柱的对称中心线和底面基线,先画出具有轮廓特征的俯视图——正六边形,如图 4.2(b)所示。

(2) 按长对正的投影关系,并量取正六棱柱的高度画出主视图,再按高平齐、宽相等的投影关系画出左视图,如图 4.2(c)所示。

1.1.3　棱柱体表面上点的投影

如图 4.3(a)所示,正六棱柱的侧棱面 $ABCD$ 上的点 M 的正面投影 m'。由于点 M 所在棱面是铅垂面,其水平投影积聚成直线 $abcd$,因此,点 M 的水平投影必在该直线上,可由 m' 直接作出 m,再由 m' 和 m 作出 m''。因为棱面 $ABCD$ 的侧面投影可见,所以 m'' 可见。

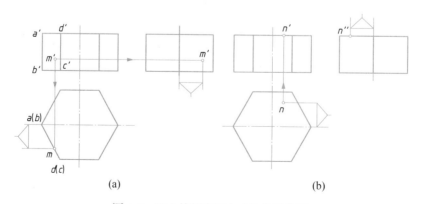

图 4.3　正六棱柱表面上点的投影作图

如图 4.3(b)所示,已知正六棱柱顶面上的点 N 的水平投影 n,作 n' 和 n'',由于顶面的正面投影积聚成水平线,所以可由 n 直接作出 n',再由 n、n' 作出 n''。

作图时应注意点 M、点 N 分别所处的前后位置关系。

1.2 棱锥

棱锥的棱线交于一点。常见的棱锥有三棱锥、四棱锥、五棱锥等。下面以图 4.4 所示棱锥为例,分析其投影特征和作图方法。

1.2.1 投影分析

如图 4.4 所示,四棱锥前后、左右对称,底面平行于水平面,其水平投影反映实形。左、右两个棱面垂直于正面,它们的正面投影积聚成直线。前、后两个棱面垂直于侧面,它们的侧面投影积聚成直线。与锥顶相交的四条棱线不平行于任一投影面,所以它们在 3 个投影面上的投影都不反映实长。

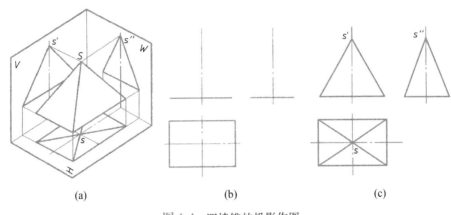

(a)   (b)   (c)

图 4.4   四棱锥的投影作图

1.2.2 作图步骤

(1) 作四棱锥的对称中心线、轴线和底面,先画出底面俯视图——矩形,如图 4.4(b)所示。

(2) 根据四棱锥的高度,在轴线上定出锥顶 S 的 3 面投影位置,然后在主、俯视图上分别用直线连接锥顶与底面 4 个顶点的投影,即得 4 条棱线的投影。再由主、俯视图画出左视图,如图 4.4(c)所示。

1.2.3 四棱锥体表面上点的投影

如图 4.5 所示,四棱锥棱面 SBC 上的点 M 的正面投影 m',作 m 和 m''。作图方法是:在 SBC 棱面上,由锥顶 S 过点 M 作辅助线 SE,因为点 M 在直线 SE 上,则点 M 的投影必在直线 SE 的同面投影上。所以只要作出 SE 的水平投影 se,即可作出 M 点的水平投影 m。

如图 4.5(b)所示,作图步骤是:在主视图上由 s' 过 m' 作直线交于 $b'c'$ 得 e',再由 $s'e'$ 作出 se,在 se 上定出 m。由于棱面 SBC 是侧垂面,也可由 m' 直接作出 m''。

如图 4.6(a)所示,作棱锥表面上的点的另一种作图方法:过平面上的点作该平面上任一直线的平行线(如 $EF // BC$),则该点的投影必在该平行线的同面投影上。例如,图 4.6(b)所示,已知三棱锥棱面 SBC 上的点 N 的正面投影 n',作 n 和 n'',步骤是:过点 N 作 BC 的平行

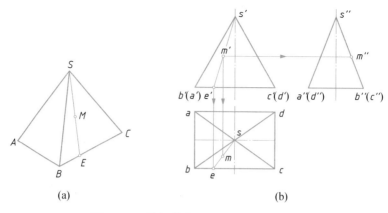

(a)　　　　　　　　　　　(b)

图 4.5　四棱锥体表面上的点的投影作图

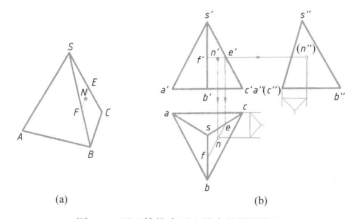

(a)　　　　　　　　　　　(b)

图 4.6　正三棱锥表面上的点的投影作图

线 EF，即先过 n' 作辅助线的正面投影 $e'f' /\!/ b'c'$，再作出辅助线的水平投影 $ef /\!/ bc$，则 n 必在 ef 上，从而作出点 N 的水平投影 n。再由 n' 和 n 作出 n''。必须注意，因为棱面 SBC 的水平投影可见，侧面投影不可见，所以 n 可见，(n'') 不可见。

2. 曲面体的投影作图

2.1　圆柱

圆柱体的表面是圆柱面与上、下两底面。圆柱面可看作由一条直母线绕平行于它的轴线回转而成，如图 4.7(a) 所示。直母线在圆柱面上的任一位置称为圆柱面的素线。

2.1.1　投影分析

如图 4.7(b) 所示，当圆柱轴线垂直于水平面时，圆柱上、下底面的水平投影反映实形，正面和侧面投影积聚成直线。圆柱面的水平投影积聚为一圆周，与两底面的水平投影重合。在正面投影中,前、后两半圆柱面的投影重合为一矩形,矩形的两条竖线分别是圆柱面最左、最右素线的投影,也是圆柱面前、后分界的转向轮廓线。在侧面投影中,左、右两半圆柱面的投影重合为一矩形,矩形的两条竖线分别是圆柱面最前、最后素线的投影,也是圆柱面左、右分界的转向轮廓线。

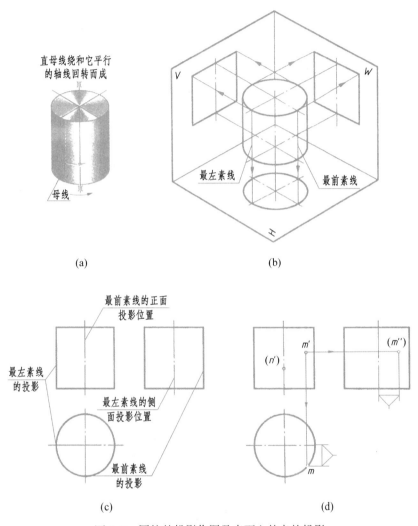

图 4.7 圆柱的投影作图及表面上的点的投影

2.1.2 作图方法

画圆柱体的三视图时,先画各投影的中心线,再画圆柱面投影具有积聚性圆的俯视图,然后根据圆柱体的高度画出另外两个视图,如图 4.7(c)所示。

2.1.3 圆柱体表面上点的投影

如图 4.7(d)所示,已知圆柱面上点 M 的正面投影 m',求作 m 和 m''。首先根据圆柱面水平投影的积聚性作出 m,由于 m' 是可见的,则点 M 必在前半圆柱面上,m 必在水平投影圆的前半圆周上。再按投影关系作出 m''。由于点 M 在右半圆柱面上,所以 (m'') 不可见。

思考 若已知圆柱面上点 N 的正面投影 (n')，怎样求作 n 和 n'' 以及判别可见性，请分析。

2.2 圆锥

圆锥体的表面是圆锥面和底面。圆锥面可看作由一条直母线绕与它斜交的轴线回转而成，如图 4.8(a) 所示。直母线在圆锥面上的任一位置称为圆锥面的素线。

2.2.1 投影分析

图 4.8(b) 所示为轴线垂直于水平面的正圆锥的三视图。锥底面平行于水平面，水平投影反映实形，正面和侧面投影积聚成直线。圆锥面的 3 个投影都没有积聚性，其水平投影与底面的水平投影重合，全部可见。正面投影由前、后两个半圆锥面的投影重合为一等腰三角形，三角形的两腰分别是圆锥面最左、最右素线的投影，也是圆锥面前、后分界的转向轮廓线。侧面投影由左、右两半圆锥面的投影重合为一等腰三角形，三角形的两腰分别是圆锥最前、最后素线的投影，也是圆锥面左、右分界的转向轮廓线。

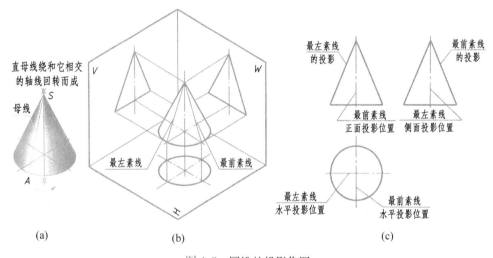

(a)　　　　　　　　　(b)　　　　　　　　　(c)

图 4.8　圆锥的投影作图

2.2.2 作图方法

画圆锥的三视图时，先画各投影的轴线，再画底面圆的各投影，然后画出锥顶的投影和锥面的投影（等腰三角形），完成圆锥的三视图，如图 4.8(c) 所示。

2.2.3 圆锥体表面上点的投影

如图 4.9 所示，已知圆锥表面上点 M 的正面投影 m'，作 m 和 m''。根据点 M 的位置和可见性，可确定点 M 在前、左圆锥面上，点 M 的三面投影均可见。

作图方法有两种：

（1）辅助素线法　如图 4.9(a) 所示，过锥顶 S 和点 M 作辅助素线 SA，即在投影图中作连线 $s'm'$，并延长到与底面的正面投影相交于 a'。由 $s'a'$ 作出 sa，由 sa 作出 $s''a''$，再按点在直线上的投影关系由 m' 作出 m 和 m''。

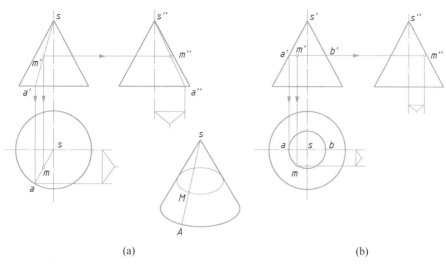

(a)　　　　　　　　　　　　　　　　　　　　(b)

图 4.9　圆锥表面上的点的投影

（2）辅助纬圆法　如图 4.9(b)所示,过点 M 在圆锥面上作垂直于圆锥轴线的水平辅助纬圆(参阅立体图),点 M 的各投影必在该圆的同面投影上,即在投影图中过 m' 作圆锥轴线的垂直线,交圆锥左、右轮廓线于 a'、b'，$a'b'$ 即辅助纬圆的正面投影,以 s 为圆心,$a'b'$ 为直径,作辅助纬圆的水平投影。由 m' 求得 m,再由 m'、m 求得 m''。

2.3　圆球

圆球面可看作由一条圆母线绕其直径回转而成,如图 4.10(a)所示。

2.3.1　投影分析

从图 4.10(b、c)可看出,球面上最大圆 A 将圆球分为前、后两个半球,前半球可见,后球不可见,正面投影为圆 a',形成了主视图的轮廓线。其水平投影和侧面投影都与相应的中心线重合,不必画出；最大圆 B 将圆球分为上、下两个半球,上半球可见,下半球不可见,俯视图中只要画出 B 的水平投影圆 b；最大圆 C 将圆球分为左、右两个半球,左半球可见,右半球不可见,左视图中只要画出 C 的侧面投影圆 c''；B、C 的其余两投影与相应的中心线重合,均不必画出,因此圆球的三视图均为大小相等的圆,其直径与球的直径相等。

2.3.2　作图方法

如图 4.10(c)所示,先确定球心的三面投影,过球心分别画出圆球垂直于投影面的轴线的三投影,再画出与球等直径的圆。

2.3.3　圆球表面上点的投影

如图 4.10(d)所示,已知球面上点 M 的正面投影 (m'),求 m 和 m''。由于球面的 3 个投影都没有积聚性,可利用辅助纬圆法求解。过 (m') 作水平纬圆的正面投影 $a'b'$,再作出其水平投影(以 o 为圆心,$a'b'$ 为直径画圆)。由 (m') 在该圆的水平投影上求得 m,由于 (m') 不可见,所以 m 在后半球面上。又由于 (m') 在下半圆球面上,所以 m 不可见。再由 (m')、(m) 求得 m''。由于点 M 在左半球面上,m''可见。

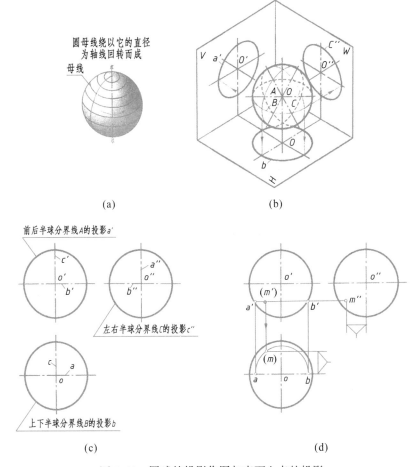

图 4.10　圆球的投影作图与表面上点的投影

3. 切割体的投影作图

用平面切割立体,平面与立体表面的交线称为截交线,该平面为截平面,由截交线围成的平面图形称为截断面,如图 4.11(a)所示。

3.1　平面切割平面体

平面与平面体相交,其截断面为一平面多边形。

例 4.1　如图 4.11(a)所示,三棱锥被正垂面 P 切割,求作切割后三棱锥的三视图。

分析　正垂面 P 与三棱锥的 3 条棱线都相交,所以截交线构成一个三角形,其顶点 D、E、F 是各棱线与平面 P 的交点。由于这些交点的正面投影与正垂面 P 的正面投影重合,所以可以利用直线上的点的投影特性,由截交线的正面投影作出水平投影和侧面投影。

作图

(1) 作出三棱锥的三视图以及截平面的正面投影 p',由 $s'a'$ 和 $s'c'$ 与 p' 的交点 d' 和 f',分别在 sa、sc 和 $s''a''$、$s''c''$ 上直接作出 d、f 和 d''、f'',如图 4.11(b)所示。

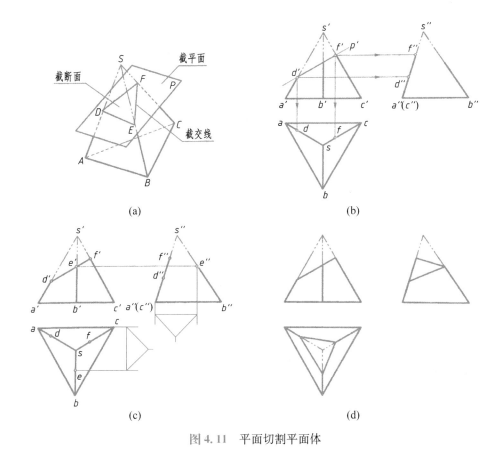

图 4.11　平面切割平面体

（2）由于 SB 是侧平线，可由 $s'b'$ 与 p' 的交点 e' 先在 $s''b''$ 上作出 e''，再利用宽相等的投影关系在 sb 上作出 e，如图 4.11（c）所示。

（3）连接各顶点的同面投影，即为所求截交线的三面投影，画出切割后的三棱锥，如图 4.11（d）所示。

例 4.2　图 4.12（a）所示为 L 形六棱柱被正垂面 P 切割，求作切割后六棱柱的三视图。

分析　正垂面 P 切割 L 形六棱柱时，与六棱柱的 6 个棱面都相交，所以交线为六边形。如图 4.12（b）所示，平面 P 垂直于正面，交线的正面投影积聚在 p' 上。因为六棱柱有 6 个棱面的侧面投影都有积聚性，所以交线的正面和侧面投影均为已知，仅需作出交线的水平投影。

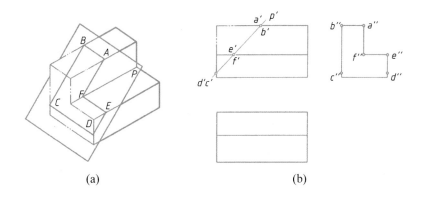

（a）　　　　　　　　　　　　　　　　（b）

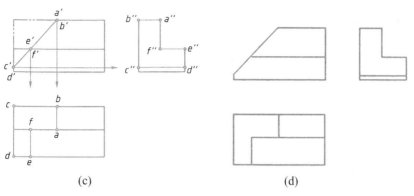

图 4.12 正垂面切割六棱柱的交线的作图步骤

作图

（1）参照立体图在主、左视图上标注已知各点的正面和侧面投影，如图 4.12(b)所示。

（2）由已知各点的正面和侧面投影作出水平投影 a、b、c、d、e、f，如图 4.12(c)所示。

（3）擦去作图线，描深六棱柱被切割后的图线。值得注意的是，交线的水平投影和侧面投影为六边形的类似形（L形），如图 4.12(d)所示。

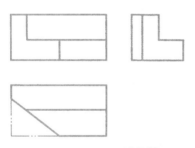

图 4.13 思考题

思考 如图 4.13 所示，如果 L 形六棱柱被铅垂面切割，试分析其投影特征和作图方法，并比较与正垂面切割的异同。

例 4.3 如图 4.14 所示，在四棱柱上切割一个矩形通槽，已知其正面投影和四棱柱切割前的水平投影和侧面投影，试完成矩形通槽的水平和侧面投影。

分析 如图 4.14(a)所示，四棱柱上的通槽是由 3 个特殊位置平面切割四棱柱而形成。两侧壁是侧平面，它们的正面投影和水平投影均积聚成直线，而侧面投影反映两侧壁的实形，并重合在一起。槽底是水平面，其正面投影和侧面投影均积聚成直线，水平投影反映实形。可利用积聚性作出通槽的水平投影和侧面投影。

作图

（1）根据已知通槽的主视图，在俯视图上作出两侧壁的积聚性投影，它是侧平面与水平面交线（正垂线）的水平投影。槽底是水平面，其水平投影反映实形。参照立体图在俯视图上注写相应的字母（因为图形前后、左右对称，所以只标注前半部），如图 4.14(b)所示。

（2）按高平齐、宽相等的投影关系，作出通槽的侧面投影，如图 4.14(c)所示。

（3）擦去多余作图线，校核切割后的图形轮廓，左视图中的一段虚线不要漏画，如图 4.14(d)所示。

讨论 从作图过程可看出，由于被切割出通槽，四棱柱侧棱的外轮廓在槽口部分发生变化，左视图中槽口部分的轮廓线向中心"收缩"，从而使两边出现缺口，如图 4.14(d)所示。

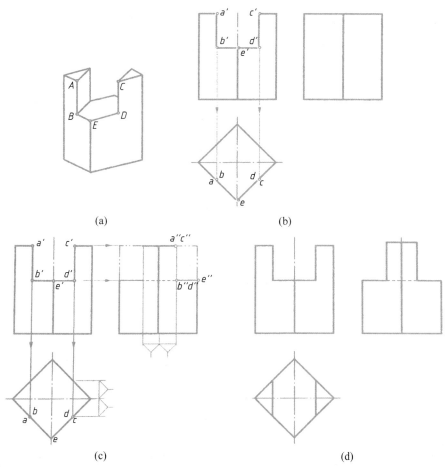

图 4.14　四棱柱开槽

3.2　平面切割回转曲面体

平面切割曲面体时,截交线的形状取决于曲面体表面的形状以及截平面与曲面体的相对位置。当平面与曲面体相交时,截交线的形状和性质见表 4.1。

表 4.1　截交线的形状和性质

截平面与圆柱轴线平行,截交线为矩形加直线	截平面与圆柱轴线倾斜,截交线为椭圆或椭圆弧加直线

续 表

截平面与圆锥轴线倾斜,当 $\alpha<\theta$ 时,截交线为椭圆或椭圆弧加直线 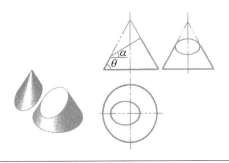	截平面垂直圆锥轴线,截交线为圆加直线 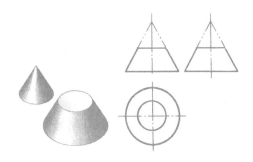
截平面与圆锥轴线平行或倾斜,当 $\alpha>\theta$ 时,截交线为双曲线加直线 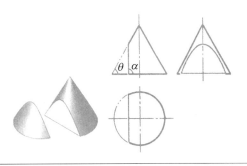	截平面与圆锥轴线倾斜,当 $\alpha=\theta$ 时,截交线为抛物线加直线 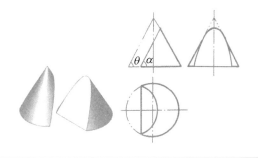
截平面过圆锥锥顶,截交线为等腰三角形加直线 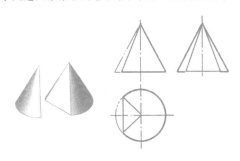	截平面与圆球相交,截交线是圆加直线 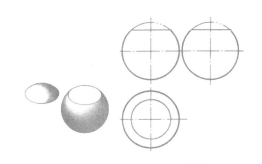

　　平面与回转曲面体相交时,其截交线一般为封闭的平面曲线或直线,或直线与平面曲线组成的封闭平面图形。作图的基本方法是求出曲面体表面上若干条素线与截平面的交点,然后光滑连接。一些能确定截交线形状和范围的点,如最高与最低点、最左与最右点、最前与最后点,以及可见与不可见的分界点等,均称为特殊点。作图时通常先作出截交线上的特殊点,再按需要作出一些中间点,最后依次连接各点,并注意投影的可见性。

3.2.1　平面与圆柱相交

　　平面与圆柱相交时,根据平面与圆柱轴线不同的相对位置可形成两种(当截平面与圆柱轴线垂直时,截交线为圆,未列入表内)不同形状的截交线表 4.1。

例 4.4 如图 4.15(a)所示为圆柱被正垂面斜切,已知主、俯视图,求作左视图。

分析 截平面 P 与圆柱的轴线倾斜,截交线为椭圆。由于 P 面是正垂面,所以截交线的正面投影积聚在 p' 上;因为圆柱面的水平投影有积聚性,所以截交线的水平投影积聚在圆周上。而截交线的侧面投影一般情况下仍为椭圆。

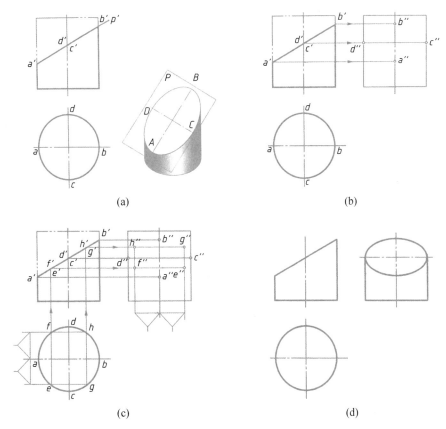

图 4.15 圆柱被正垂面斜切

作图

(1) 求特殊点 由图 4.15(a)可知,最低点 A、最高点 B 是椭圆长轴的两端点,也是位于圆柱最左、最右素线上的点。最前点 C,最后点 D 是椭圆短轴两端点,也是位于圆柱最前、最后素线上的点。A、B、C、D 的正面投影和水平投影可利用积聚性直接作出,然后由正面投影 a'、b'、c'、d' 和水平投影 a、b、c、d 作出侧面投影 a''、b''、c''、d'',如图 4.15(b)所示。

(2) 求中间点 为了准确作图,还必须在特殊点之间作出适当数量的中间点,如 E、F、G、H 各点。可先作出它们的水平投影 e、f、g、h 和正面投影 e'、f'、g'、h',再作出侧面投影 e''、f''、g''、h'',如图 4.15(c)所示。

(3) 依次光滑连接 a''、e''、c''、g''、b''、h''、d''、f''、a'',即为所求截交线椭圆的侧面投影,圆柱的轮廓线在 c''、d'' 处与椭圆相切。描深,如图 4.15(d)所示。

思考　随着截平面与圆柱轴线倾角的变化,所得截交线椭圆的长轴的投影也相应变化(短轴投影不变)。当截平面与轴线成 45°时(正垂面位置),交线的空间形状仍为椭圆。请思考,截交线的侧面投影为什么是圆?

例 4.5　求作带切口圆柱体的侧面投影,如图 4.16(a)所示。

分析　圆柱切口由水平面 P 和侧平面 Q 切割而成。如图 4.16(a)所示,由截平面 P 所产生的交线是一段圆弧,其正面投影是一段水平线(积聚在 p' 上),水平投影是一段圆弧(积聚在圆柱的水平投影上)。截平面 P 与 Q 的交线是一条正垂线 BD,其正面投影 $b'd'$ 积聚成点,水平投影 bd 重合于侧平面 Q 的积聚投影 q 上。由截平面 Q 所产生的交线是两段铅垂线 AB 和 CD(圆柱面上两段素线)。它们的正面投影 $a'b'$ 与 $c'd'$ 积聚在 q' 上,水平投影分别为圆周上两个点 a 与 b、c 与 d。Q 面与圆柱顶面的交线是一条正垂线 AC,其正面投影 $a'c'$ 积聚成点,水平投影 ac 与 bd 重合,也积聚在 q 上。

作图

(1) 由 p' 向右引投影连线,再从俯视图上量取宽度定出 b''、d'',如图 4.16(b)所示。

(2) 由 b''、d'' 分别向上作竖线与顶面交于 a''、c'',即得由截平面 Q 所产生的截交线 AB、CD 的侧面投影 $a''b''$、$c''d''$,如图 4.16(c)所示。

作图结果如图 4.16(d)所示。

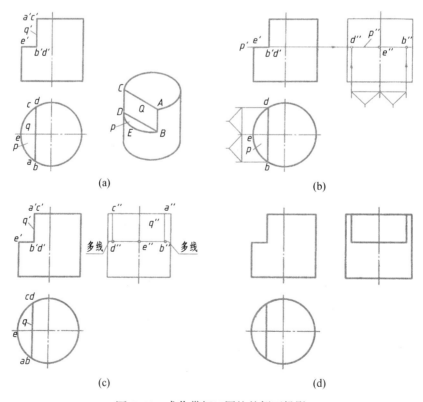

(a)　　　　(b)

(c)　　　　(d)

图 4.16　求作带切口圆柱的侧面投影

思考　如果扩大切割圆柱的范围,使截平面 P 切过圆柱的轴线,如图 4.17 所示的侧面投影与图 4.16(d)所示的侧面投影有所不同,因为截平面 P 已切过圆柱轴线,圆柱面的最前和最后两段轮廓已被切去。请仔细分析由于切割位置不同而形成侧面投影所画轮廓线的区别。

例 4.6　补全接头的三面投影,如图 4.18(a)所示。

分析　接头由圆柱体左端开槽(中间被两个正平面和一个侧平面切割),右端切肩(上、下被水平面和侧平面对称地切去两块)而形成。所产生的截交线均为直线和平行于侧面的圆。

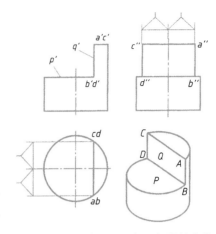

图 4.17　不同位置切口侧面投影的变化

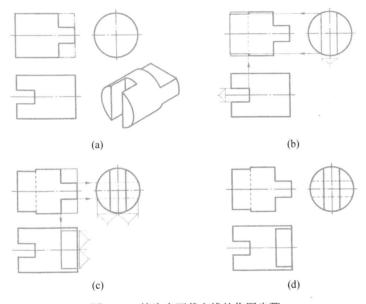

    (a)   (b)

    (c)   (d)

图 4.18　接头表面截交线的作图步骤

作图

(1) 根据槽口的宽度,按前后对称作出槽口的侧面投影(两条竖线),再按投影关系作出槽口的正面投影,如图 4.18(b)所示。

(2) 根据切肩的厚度,作出切肩的侧面投影(两条虚线),再按投影关系作出切肩的水平投影,如图 4.18(c)所示。

(3) 擦去多余作图线,描深。图 4.18(d)为完整的接头三视图。

思考　由图 4.18(d)的正面投影可看出:圆柱体的最高、最低两条素线因左端开槽而各截去一段,所以正面投影的外形轮廓线在开槽部位向轴线"收缩",其收缩程度与槽宽有关;

又从水平投影可看出：圆柱体右端切肩被切去上、下对称两块，其截交线的水平投影为矩形，因为圆柱体上最前、最后素线的切肩部位未被切去，所以圆柱体水平投影的外形轮廓线是完整的。

3.2.2　平面与圆锥相交

根据截平面对圆锥轴线的不同位置，圆锥面截交线有 5 种情况：椭圆、圆、双曲线、抛物线和相交两直线，见表 4.1。除了过锥顶的截平面与圆锥面的截交线是相交两直线外，其他 4 种情况都是曲线。但不论何种曲线（圆除外），其作图步骤总是先作出截交线上的特殊点，再作出若干中间点，然后光滑连成曲线。

例 4.7　求作圆锥被一正垂面切割后的投影，如图 4.19(a) 所示。

分析　由于截平面与圆锥轴线倾斜，所以其截交线为一椭圆。截平面是正垂面，其正面投影积聚成一直线，水平投影和侧面投影均为椭圆。

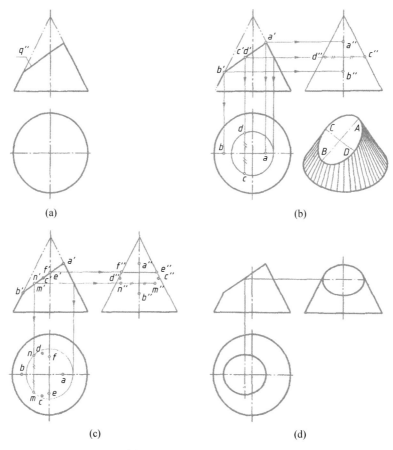

图 4.19　圆锥被正垂面切割

作图

(1) 求特殊点　如图 4.19(b) 所示，椭圆长轴上的两个端点 A、B 是截交线上最低、最高和最左、最右点，也是圆锥转向轮廓线上的点，可利用投影关系由 a'、b' 求得 a、b 和 a''、b''；椭

圆短轴上两个端点 C、D 是截交线上的最前、最后点,其正面投影 c'、d' 重影于 $a'b'$ 的中点,利用纬圆法即可求得 c、d 和 c''、d''。如图 4.19(c)所示,椭圆上 E、F 点也是转向轮廓线上的点,由 e'、f' 求得 e、f 和 e''、f''。

（2）求中间点　用纬圆法在特殊点之间再作出若干中间点,如 $M(m、m'')$、$N(n、n'')$ 等,如图 4.19(c)所示。

（3）依次连接各点的水平投影和侧面投影,即为所求(e''、f'' 以上的转向轮廓线被切去),作图结果如图 4.19(d)所示。

例 4.8　求作圆锥被正平面切割后的投影,如图 4.20 所示。

分析　正平面与圆锥轴线平行,与圆锥面的交线为双曲线,其正面投影反映实形,水平和侧面投影均积聚为直线(只要作出双曲线的正面投影)。

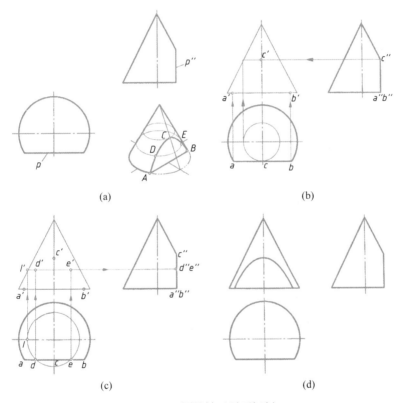

图 4.20　圆锥被正平面切割

作图

（1）求特殊点　先画出圆锥的正面投影。A、B 两点位于底圆上,是截交线上最低、最左、最右点;点 C 位于圆锥的最前素线上,是最高点。可利用投影关系直接求得 a'、b' 和 c',如图 4.20(b)所示。

（2）求中间点　用纬圆法在特殊点之间再作出若干中间点,如 D、E(d'、e'）等,如图 4.20(c)所示。

（3）依次光滑连接各点的正面投影即为所求,如图 4.20(d)所示。

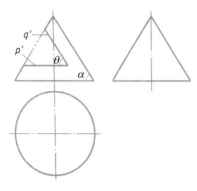

图 4.21　思考题

思考　如图 4.21 所示，水平面 P 和正垂面 Q 切割圆锥，水平面切割圆锥的截交线是水平圆，而正垂面斜切圆锥，当 $\alpha = \theta$ 时，圆锥面的交线是什么曲线？试作出圆锥被切割后的水平投影和侧面投影。

3.2.3　平面与圆球相交

平面与圆球相交，不论平面与圆球的相对位置如何，其截交线总是圆。平面对投影面的相对位置不同，所得截交线的投影可以是圆、直线或椭圆。如图 4.22(a)所示，当截平面平行于投影面时，截交线圆在该投影面上的投影反映实形，而在另外两个投影面上的投影积聚成长度等于该圆直径的直线段。当截平面垂直投影面时，如图 4.22(b)所示，正垂面与圆球的截交线是圆，圆的正面投影积聚成直线，其水平投影和侧面投影都是椭圆(作图方法略)。

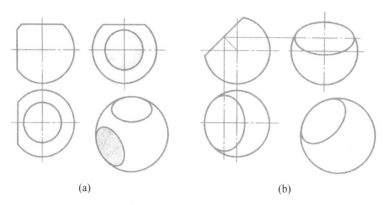

(a)　　　　　　　　　　(b)

图 4.22　平面切割圆球

例 4.9　补全半球被截平面 P、Q 切割后的俯视图，并画出左视图，如图 4.23(a)所示。

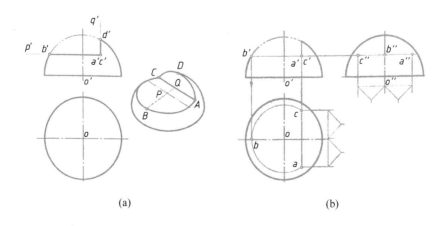

(a)　　　　　　　　　　(b)

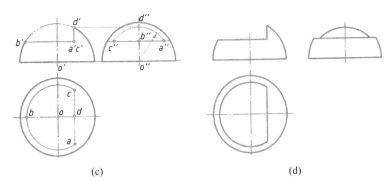

(c)   (d)

图 4.23 半球被水平面和侧平面切割

分析 截平面 P 是水平面,截半球所得的截交线是一段圆弧$\overset{\frown}{ABC}$,其正面投影 $a'b'c'$ 积聚在 p' 上。截平面 Q 是侧平面,截半球所得的截交线也是一段圆弧$\overset{\frown}{ADC}$,其正面投影 $a'd'c'$ 积聚在 q' 上。截平面 P 和 Q 的交线是正垂线 AC,其正面投影为 $a'c'$。

作图

(1) 作 P 面与半球的交线$\overset{\frown}{ABC}$的水平投影——反映实形的圆弧$\overset{\frown}{abc}$及侧面投影直线段 $a''b''c''$,如图 4.23(b)所示。

(2) 作 Q 面与半球的交线$\overset{\frown}{ADC}$的水平投影(积聚成直线 adc)及侧面投影(反映实形)。由 d' 作出 d'' 后,圆弧 $\overset{\frown}{a''d''c''}$可以 o'' 为中心,$o''d''$ 为半径作出。应注意,此圆弧必须经过 a''、c'' 两点,如图 4.23(c)所示。

(3) 描深,作图结果如图 4.23(d)所示。

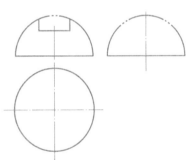

思考 如图 4.24 所示,半球被两个对称的侧平面和一个水平面切割。两个侧平面与球面的截交线各为一段平行于侧面的圆弧,其侧面投影反映圆弧实形,正面和水平投影各积聚为一直线段。水平面与球面的截交线为两段水平的圆弧,其水平投影反映圆弧实形,正面和侧面投影各积聚为一直线段。根据上述分析,请思考并补画半球被切割后的俯视图与左视图。

图 4.24 思考题

例 4.10 绘制图 4.25 所示顶尖的三视图。

分析 顶尖头部由同轴(侧垂线)的圆锥和圆柱被水平面 P 和正垂面 Q 切割而成。P 平面与圆锥面的交线为双曲线,与圆柱面的交线为两条侧垂线(AB、CD)。Q 平面与圆柱面的交线为椭圆弧。P、Q 两平面的交线 BD 为正垂线。由于 P 面和 Q 面的正面投影以及 P 面和圆柱面的侧面投影都有积聚性,所以只要作出截交线以及截平面 P 和 Q 交线的水平投影。

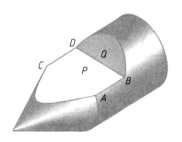

图 4.25 顶尖

作图

(1) 画出同轴回转体完整的三视图,在主视图上作出 P、Q

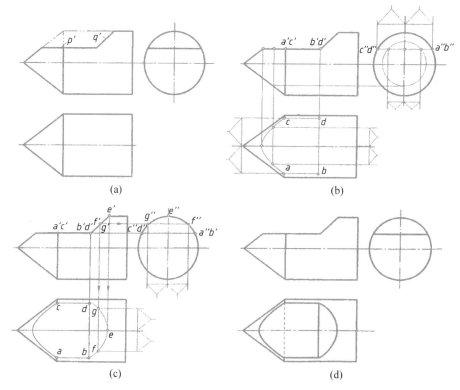

图 4.26 顶尖的投影作图

平面有积聚性的正面投影,如图 4.26(a)所示。

(2) 参照图 4.20 所示的方法作出 P 平面与圆锥面的交线(双曲线)。按投影关系作出 P 平面与圆柱的交线 AB、CD 的水平投影 ab、cd,以及 P、Q 两平面交线 BD 的水平投影 bd,如图 4.26(b)所示。

(3) 正垂面 Q 与圆柱面的交线(椭圆弧)的正面投影积聚为直线,侧面投影积聚为圆。由 e' 作出 e 和 e'',在椭圆弧正面投影的适当位置定出 f'、g',直接作出侧面投影 f''、g'',再由 f''、g'' 和 f'、g' 作出 f、g。依次连接 b、f、e、g、d 即为 Q 平面与圆柱面交线的水平投影,如图4.26(c)所示。

(4) 作图结果如图 4.26(d)所示。注意俯视图中圆锥与圆柱交接处的一段虚线不要遗漏。

4. 两回转体相贯线的投影作图

两回转体相交,最常见的是圆柱与圆柱相交,圆锥与圆柱相交以及圆柱与圆球相交,其交线称为相贯线,相贯线的形状取决于两回转体各自的形状、大小和相对位置,一般情况下为闭合的空间曲线。两回转体的相贯线,实际上是两回转体表面上一系列共有点的连线,求作共有点的方法通常采用表面取点法(积聚性法)和辅助平面法。

4.1　圆柱与圆柱相交

两圆柱正交是工程上最常见的,如图 4.1(c)所示,三通管就是轴线正交的两圆柱表面所形成相贯线的实例。

例 4.11　两个直径不等的圆柱正交,求作相贯线的投影,如图 4.27(a)所示。

分析　两圆柱轴线垂直相交称为正交,当直立圆柱轴线为铅垂线,水平圆柱轴线为侧垂线时,直立圆柱面的水平投影和水平圆柱面的侧面投影都具有积聚性,所以相贯线的水平投影和侧面投影分别积聚在它们的圆周上,如图 4.27(a)所示。因此,只要根据已知的水平和侧面投影求作相贯线的正面投影即可。两个不等直径圆柱正交形成的相贯线为空间曲线,如图 4.27(b)立体图所示。因为相贯线前后对称,在其正面投影中,可见的前半部分与不可见的后半部分重合,且左右也对称。因此,求作相贯线的正面投影,只需作出前面的一半。

作图

(1) 求特殊点　水平圆柱的最高素线与直立圆柱最左、最右素线的交点 A、B 是相贯线上的最高点,也是最左、最右点。a'、b',a、b 和 a''、b'' 均可直接作出。点 C 是相贯线上最低点,也是最前点,c'' 和 c 可直接作出,再由 c''、c 求得 c',如图 4.27(b)所示。

(2) 求中间点　利用积聚性,在侧面投影和水平投影上定出 e''、f'' 和 e、f,再作出 e'、f',如图 4.27(c)所示。

(3) 光滑连接 a'、e'、c'、f'、b' 即为相贯线的正面投影,作图结果如图 4.27(d)所示。

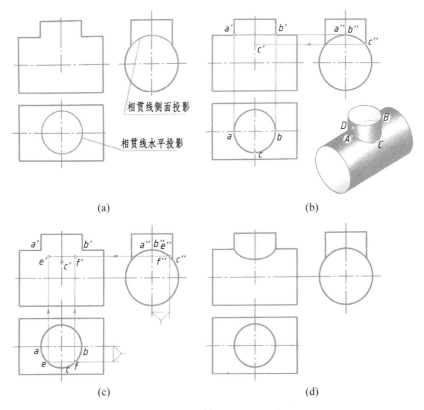

图 **4.27**　不等径两圆柱正交

讨论

（1）如图 4.28(a)所示，若在水平圆柱上穿孔，就出现了圆柱外表面与圆柱孔内表面的相贯线。这种相贯线可以看成是直立圆柱与水平圆柱相贯后，再把直立圆柱抽去而形成。

如图 4.28(b)所示，作两圆柱孔内表面的相贯线，作图方法与求作两圆柱外表面相贯线的方法相同。

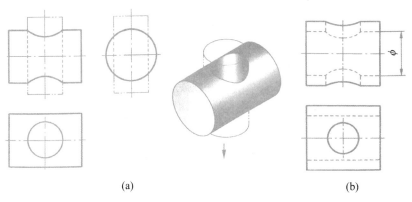

(a)   (b)

图 4.28   圆柱穿孔后相贯线的投影

（2）如图 4.29 所示，当正交两圆柱的相对位置不变，而相对大小发生变化时，相贯线的形状和位置也将随之变化。

当 $\phi_1 > \phi$ 时，相贯线的正面投影为上下对称的曲线，如图 4.29(a)所示。

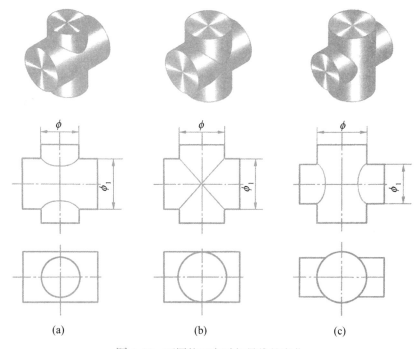

(a)   (b)   (c)

图 4.29   两圆柱正交时相贯线的变化

当 $\phi_1 = \phi$ 时，相贯线在空间为两个相交的椭圆，其正面投影为两条相交的直线，如图 4.29(b)所示。

当 $\phi_1 < \phi$ 时，相贯线的正面投影为左右对称的曲线，如图 4.29(c)所示。

从图 4.29(a、c)可看出，在相贯线的非积聚性投影上，相贯线的弯曲方向总是朝向较大圆柱的轴线。

（3）工程上两圆柱正交的实例很多，为了简化作图，国家标准规定，允许采用简化画法作出相贯线的投影，即以圆弧代替非圆曲线。当轴线垂直相交，且轴线均平行于正面的两个不等径圆柱相交时，相贯线的正面投影以大圆柱的半径为半径画圆弧即可。简化画法的作图过程如图 4.30 所示。

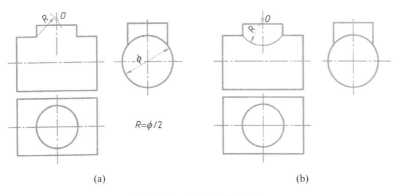

图 4.30　相贯线简化画法

4.2　圆锥与圆柱相交

由于圆锥面的投影没有积聚性，因此，当圆锥与圆柱相交时，不能利用积聚性法作图，而要采用辅助平面法求出两曲面体表面上若干共有点，从而画出相贯线投影。

例 4.12　求作圆台和圆柱轴线正交的相贯线投影，如图 4.31(a)所示。

分析　圆台和圆柱轴线垂直相交，其相贯线为左右、前后都对称的封闭空间曲线。由于圆柱轴线垂直于侧面，其侧面投影积聚成圆，因此，相贯线的侧面投影也积聚在该圆周上，是圆台和圆柱的侧面投影共有部分的一段圆弧。相贯线的正面投影和水平投影采用辅助平面法作出。

作图

（1）求特殊点　根据相贯线的最高点 A、B（也是最左、最右点）和最低点 C、D（也是最前、最后点）的侧面投影 a''、b'' 和 c''、d'' 直接作出正面投影 a'、b'、c'、d' 以及水平投影 a、b、c、d，如图 4.31(b)所示。

（2）求中间点　在最高点与最低点之间的适当位置作辅助平面 P。如图 4.31(c)所示，P 面（水平面）与圆台的交线是圆，其水平投影反映实形，该圆的半径可在侧面投影中量取（R），或者在正面投影中通过圆台外轮廓线的延长线与 p' 的交点投影作圆。P 面与圆柱面的交线是两条与轴线平行的直线，它们在水平投影中的位置也从侧面投影中量取。在水平投影中，圆与两条直线的交点 e、f、g、h 即为相贯线上 4 个点的水平投影，再由水平投影作出正面投影 e'、f'、g'、h'。

（3）在正面投影和水平投影上分别依次光滑连接各点，作图结果如图 4.31(d)所示。

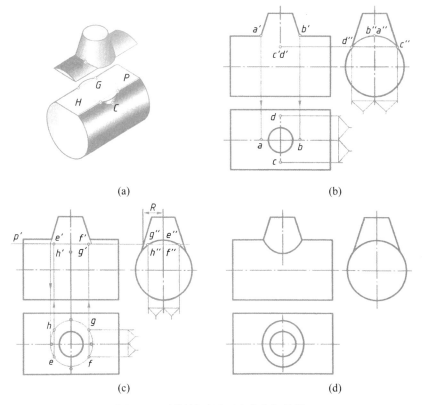

(a)   (b)

(c)   (d)

图 4.31　利用辅助平面法求作相贯线

4.3　相贯线的特殊情况

1. 相贯线为平面曲线

两个同轴回转体相交时,它们的相贯线一定是垂直于轴线的圆,当回转体轴线平行于某投影面时,这个圆在该投影面的投影为垂直于轴线的直线,如图 4.32 所示。

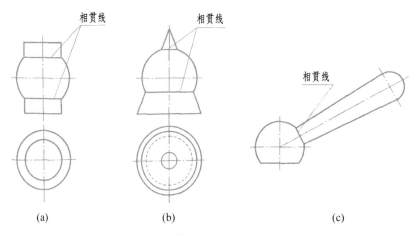

(a)   (b)   (c)

图 4.32　同轴回转体的相贯线——圆

当轴线相交的两圆柱或圆柱与圆锥公切于一个球面时,相贯线是平面曲线——两个相交的椭圆。椭圆所在的平面垂直于两条轴线所决定的平面,如图 4.33 所示。

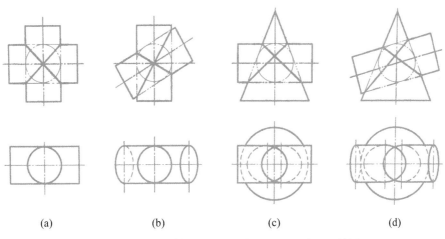

(a)　　　　　　(b)　　　　　　(c)　　　　　　(d)

图 4.33　两回转体公切于一个球面的相贯线——椭圆

2. 相贯线为直线

当两圆柱面的轴线平行时,相贯线为直线,如图 4.34 所示。当两圆锥面共顶时,相贯线为直线,如图 4.35 所示。

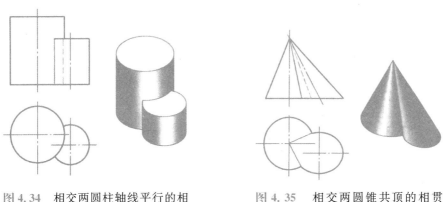

图 4.34　相交两圆柱轴线平行的相　　　图 4.35　相交两圆锥共顶的相贯
　　　　　贯线——直线　　　　　　　　　　　　线——直线

4.4　综合举例

例 4.13　已知相贯体的俯、左视图,求作主视图,如图 4.36(a)所示。

分析　由图 4.36(a)所示立体图可看出,该相贯体由一直立圆筒与一水平半圆筒正交,内外表面都有交线。外表面为两个等径圆柱面相交,相贯线为两条平面曲线(椭圆),其水平投影和侧面投影都积聚在它们所在的圆柱面有积聚性的投影上,正面投影为两段直线。内表面的相贯线为两段空间曲线,水平投影和侧面投影也都积聚在圆柱孔有积聚性的投影上,正面投影为两段曲线。

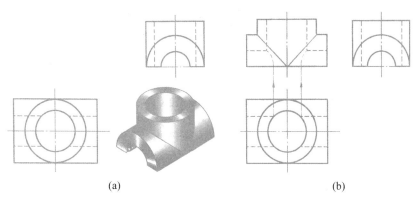

(a)   (b)

图 4.36   已知俯、左视图,求作主视图

作图 如图 4.36(b)所示:

(1) 作两等径圆柱外表面相贯线的正面投影,两段 45°斜线。

(2) 作圆孔内表面相贯线的正面投影。可以用图 4.27 所示的方法作这两段曲线,也可以采用图 4.30 所示的简化画法作两段圆弧。

例 4.14 求作半球与两个圆柱的组合相贯线,如图 4.37 所示。

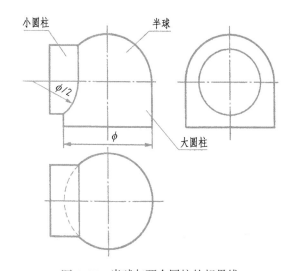

图 4.37   半球与两个圆柱的相贯线

分析 3 个或 3 个以上的立体相交,其表面形成的交线称为组合相贯线。如图 4.37 所示,相贯体中的大圆柱与半球相切,左侧小圆柱的上半部与半球相交,是共有侧垂轴的同轴回转体,相贯线是垂直于侧垂轴的半圆;小圆柱的下半部与大圆柱相交,相贯线是一条空间曲线。由于相贯体前后对称,所以相贯线的正面投影前后重合。

作图

(1) 小圆柱面与半球面的相贯线是半个侧平圆弧,其正面投影和水平投影均积聚为直线。

(2) 小圆柱面与大圆柱面的相贯线的正面投影采用简化画法画出(半径为 $\phi/2$ 的圆弧);水平投影与大圆柱面的水平投影(积聚圆的虚线部分)重合。

（3）由于小圆柱轴线是侧垂线，所以相贯线的侧面投影与小圆柱的侧面投影（积聚圆）重合。

练　习

1. 截交线与相贯线有何区别？
2. 求图 4.38 所示立体的水平投影。

图 4.38　立体

3. 分析图 4.39 所示圆柱体截交线，补全其三面投影。

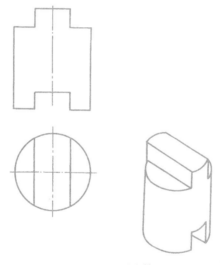

图 4.39　圆柱体

4. 求图 4.40 所示圆柱与圆锥的相贯线，完成立体的正面投影和水平投影。

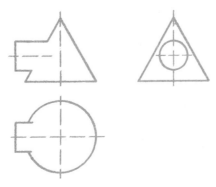

图 4.40　圆柱与圆锥

第**5**章

组 合 体

学习目标 了解组合体的组合形式及邻接表面关系;掌握画组合体三视图的方法,学会运用形体分析法、线面分析法进行组合体读图与画图;掌握组合体的尺寸标注,了解AutoCAD组合体造型的方法与步骤,学会应用AutoCAD标注尺寸。

1. 组合体的组合形式

由基本体按一定形式(叠加或挖切)组合而成的物体,称为组合体。熟练掌握组合体的读图、画图,有助于培养空间思维和空间想象能力,为后续章节的学习打下坚实基础。

1.1 组合体的组合形式

(1) 叠加 实形体与实形体进行组合,如图5.1所示。

(2) 挖切 从实形体中挖去一个实形体,被挖去的部分就形成空形体(空洞);或是从实形体中切去一部分,使被切的实形体成为不完整的基本几何体,如图5.2所示。

有时组合体既有叠加,也有挖切,如图5.3所示。

图5.1 叠加类组合体　　　图5.2 挖切类组合体　　　图5.3 含叠加、挖切的组合体

1.2 组合体邻接表面关系

形体组合在一起,其相邻表面连接关系可分为共面(不共面)、相交、相切等。连接关系不同,连接处投影的画法也不同。

1. 共面

当两物体的表面平齐而共面时，两表面交界处不应画线。不共面，当两物体的表面不平齐（不共面）时，两表面交界处应画交线，如图 5.4 所示。

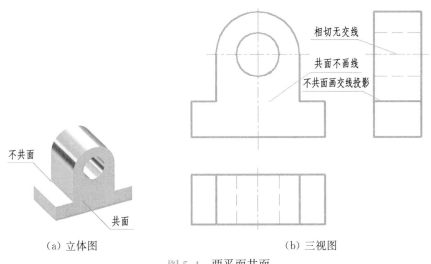

（a）立体图 　　　　　　　（b）三视图

图 5.4 两平面共面

2. 相切

当两形体表面相切时，相切处光滑连接，没有交线，该处投影不应画线，相邻平面的投影应画到切点，如图 5.5 所示。

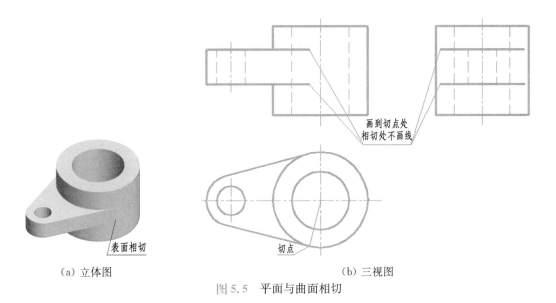

（a）立体图 　　　　　　　（b）三视图

图 5.5 平面与曲面相切

3. 相交

当两形体表面相交时，两表面交界处有交线，应画出交线的投影，如图 5.6 所示。

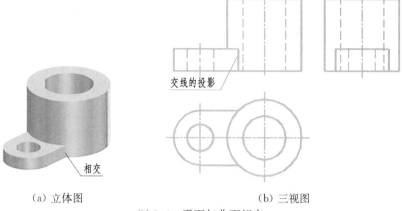

（a）立体图　　　　　　　　　　（b）三视图

图 5.6　平面与曲面相交

1.3　典型结构的画法

阶梯孔的画法，如图 5.7 所示。

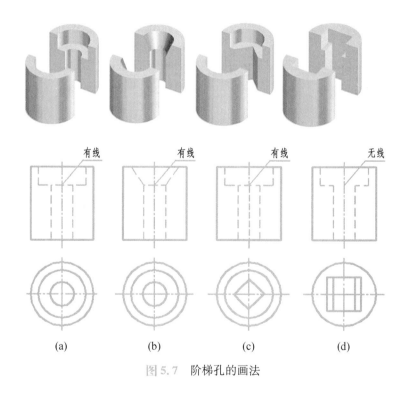

（a）　　　　（b）　　　　（c）　　　　（d）

图 5.7　阶梯孔的画法

圆柱切角与切槽的画法，如图 5.8、图 5.9 所示。

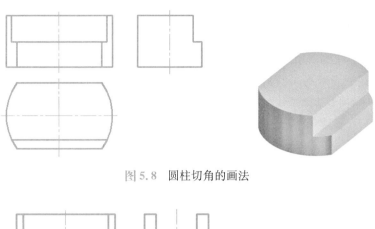

图 5.8 圆柱切角的画法

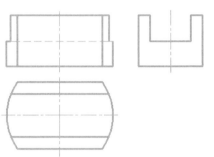

图 5.9 圆柱切槽的画法

2. 组合体的分析方法

2.1 形体分析法

任何复杂的物体,都可以看成是由一些简单形体组合而成的。图 5.10 所示的轴承座,可看成由底板(挖切两个小孔)、肋板、支撑板和圆筒 4 部分叠加构成。这种假想把组合体分解为若干个简单形体,分析各简单形体的形状、相对位置、组合形式及表面连接关系的分析方法,称为形体分析法。它是组合体的画图、读图和尺寸标注的主要方法。该法解决叠加类问题较好,其优点是把不熟悉的立体变为熟悉的简单形体。

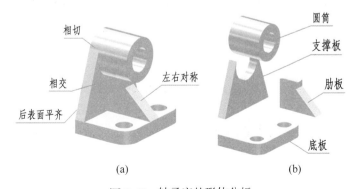

(a)   (b)

图 5.10 轴承座的形体分析

2.2 线面分析法

图 5.11 所示的实体是由四棱柱经过挖切形成的。物体是由面围成的,面由线或线框表示,不同的线或线框表示不同的面,用此规律分析物体表面形状、相对位置及投影的方法,称线面分析法。该法解决切割类问题较好。它是组合体的画图和读图的辅助方法。

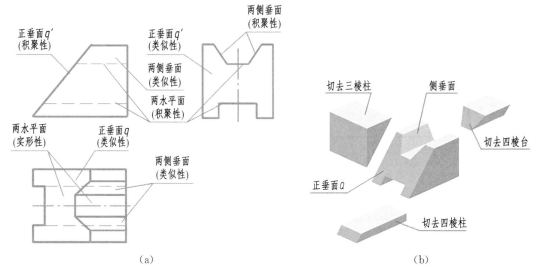

图 5.11　线面分析法

3. 画组合体三视图

现以图 5.10 所示轴承座为例,说明画组合体三视图的方法与步骤。

3.1 形体分析

画图前,要对组合体进行形体分析,弄清各部分形状、相对位置、组合形式及表面连接关系等。该轴承座主要由底板、支承板、肋板和圆筒 4 部分叠加构成,但又挖切了一个大孔、两个小孔。支承板和肋板叠在底板上方,肋板与支承板前面接触;圆筒由支承板和肋板支撑;底板、支承板和圆筒 3 者后面平齐,整体左右对称。

3.2 选择主视图

主视图是最主要的视图,一般应选择能较明显地反映组合体各组成部分形状和相对位置的方向,作为主视图的投射方向,并力求使主要平面平行于投影面,以便投影反映实形,同时考虑物体应按正常位置安放,自然平稳,并兼顾其他视图表达的清晰性(使视图中尽量少出现虚线)。图 5.12(a)中轴承座主视图可沿 A、B、C、D 等 4 个方向投射,沿 B 箭头方向投射所得视图作为主视图较能满足上述要求,如图 5.12(b)所示。

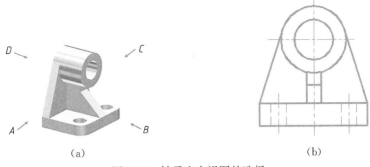

（a）
（b）

图 5.12　轴承座主视图的选择

3.3　画图步骤

（1）选比例、定图幅　根据实物大小和复杂程度，选择作图比例和图幅。一般情况下，尽可能选用 1∶1。确定图幅大小时，除考虑绘图所需面积外，还要留够标注尺寸和画标题栏的位置。

（2）布置视图　根据各视图的大小，视图间有足够的标注尺寸的空间以及画标题栏的位置等，画出各视图作图基准线。一般以对称平面、较大的平面（底面、端面）和轴线的投影作为基准线，如图 5.13（a）所示。

（3）画底稿　应用形体分析法，逐个形体绘制，按照先主后次、先叠加后切割、先大后小的顺序绘图。画每一形体时，先画特征视图后画另两视图，先画可见部分后画不可见部分，先画圆弧后画直线，3 个视图同时画。底稿图线要细、轻、准，如图 5.13（b、c、d、e）所示。

（4）检查加深　画完底稿后，要仔细校核，改正错误，补全缺漏图线，擦去多余作图线，然后按规定线型加深，如图 5.13（f）所示。

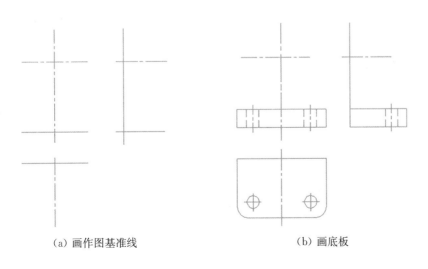

（a）画作图基准线　　　　　　　　　　（b）画底板

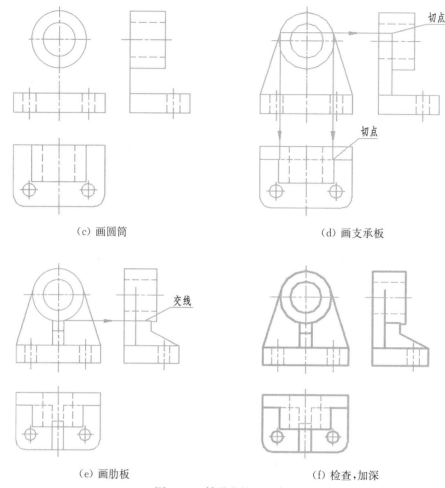

(c) 画圆筒　　　　　　　　　　　　　　(d) 画支承板

(e) 画肋板　　　　　　　　　　　　　　(f) 检查,加深

图 5.13　轴承座的画图步骤

例 5.1　画出图 5.11 所示的挖切类组合体三视图。

分析　该组合体是四棱柱被一个正垂面、两个侧垂面、两个水平面、两个正平面挖切后形成的。该类形体主要用线面分析法作图。

作图

(1) 布置视图,画出各视图作图基准线,先画四棱柱的三视图,如图 5.14(a)所示。

(2) 作正垂面切后的投影,主视图积聚为线段,俯、左视图为类似形(矩形),如图 5.14(b)所示。

(3) 作切 V 型槽后的投影,左视图两个侧垂面、一个水平面投影积聚为线段,主视图两侧垂面投影为类似形(直角梯形),水平面投影积聚为线段(细虚线),俯视图两侧垂面投影为类似形(直角梯形),水平面投影反映实形(矩形),如图 5.14(c)所示。

(4) 作切方槽后的投影,左视图两个正平面、一个水平面投影积聚为线段,主视图两正平面投影反映实形(直角梯形),水平面投影积聚为线段(细虚线),俯视图两正平面投影积聚为线段(细虚线),水平面投影反映实形(矩形),如图 5.14(d)所示。

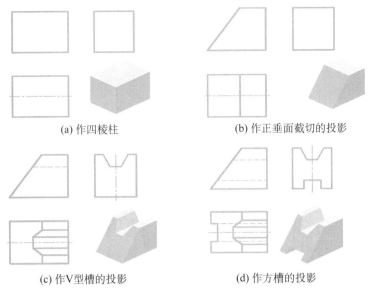

(a) 作四棱柱　　　　　　　　(b) 作正垂面截切的投影

(c) 作V型槽的投影　　　　　　(d) 作方槽的投影

图 5.14　挖切类组合体三视图的画法

4. 读 组 合 体 视 图

读图是根据视图想象出空间物体的结构形状,是画图的逆过程。读图时应注意以下问题。

4.1　视图中的线面分析

视图中粗实线(虚线)可以表示平面(或曲面)具有积聚性的投影、曲面的转向轮廓线的投影、交线的投影。

视图中的每一个封闭线框可以是物体上不同位置平面、曲面或孔洞的投影,如图 5.15(b)所示。

4.2　视图中面的相对位置分析

视图中任何相邻的线框一定是两个相交面或前、后两面的投影,如图 5.15(b)所示。线框相套(表示两面不平、倾斜或打孔),如图 5.15(b)所示。

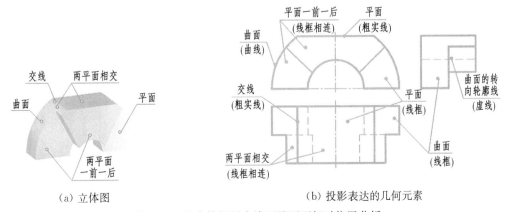

（a）立体图　　　　　　　（b）投影表达的几何元素

图 5.15　组合体视图中线面及两面相对位置分析

4.3　要从反映形体特征的视图入手

要从反映形体特征的视图入手,几个视图联系起来看。

1. 几个视图联系起来看

一个或两个视图具有不确定性,必须几个视图一起看,互相对照,同时分析,才能正确地想象物体的形状。如图 5.16(a)所示,已知物体的主、俯视图,可以构思出不同形状的物体,如图 5.16(b)所示。

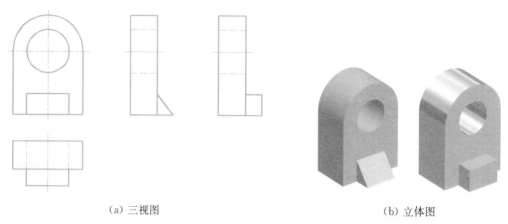

（a）三视图　　　　　　　　　　　　　　　（b）立体图

图 5.16　两个视图可构思出多种不同的形体

2. 找有积聚性的特征视图,用拉伸法构思物体的形状

由于组合体组成部分的特征视图并不都集中在主视图上,因此要善于找出反映形状特征和位置特征的视图。然后用拉伸法构思物体的形状。拉伸法分为如下两种。

（1）分向拉伸法　当各形体的特征视图线框分散在不同的视图上时,可将各个形体按各自相应的方向拉伸,然后按组合体表面连接关系组合想象形体。

如图 5.17(a)所示的组合体,形体Ⅰ的特征视图在左视图上,用特征视图向长度方向拉伸一段距离得形体Ⅰ的立体图。形体Ⅱ的特征视图在俯视图上,用特征视图向高度方向拉伸一段距离得形体Ⅱ的立体图。两形体按组合体表面连接关系组合后,如图 5.17(b)所示。

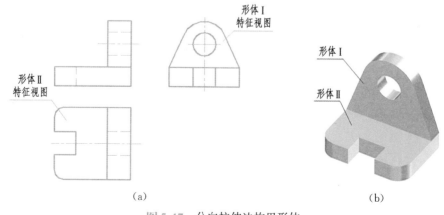

（a）　　　　　　　　　　　　　　　　　　（b）

图 5.17　分向拉伸法构思形体

（2）**分层拉伸法**　当各形体的特征视图线框都集中在某一个视图上时，将各形体按层次沿同一方向拉伸，然后按组合体表面连接关系组合想象形体的方法。

如图5.18（a）所示的组合体，形体Ⅰ、Ⅱ、Ⅲ、Ⅳ的特征视图均在主视图上，用特征视图沿宽度方向拉伸一段距离（在俯视图中找距离）得形体Ⅰ、Ⅱ、Ⅲ、Ⅳ的立体图。形体Ⅰ、Ⅱ是后表面平齐叠加。形体Ⅲ、Ⅳ是挖切，如图5.18（b）所示。

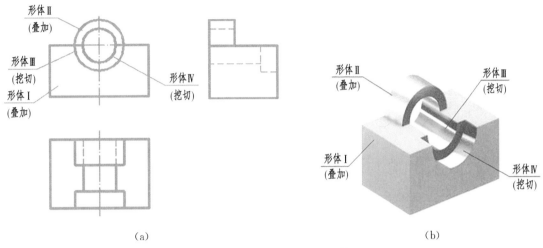

（a）　　　　　　　　　　　　　　　　　　　　（b）

图 5.18　分层拉伸法构思形体

4.4　由实线变化为虚线想象物体形状的变化

如图5.19（a）所示，组合体是圆筒在前方开了一个U形槽，后方开了方槽，主视图中两槽的轮廓线均可见。若把主视图中U形槽下面半圆弧变为虚线，如图5.19（b）所示，则组合体形状就变成圆筒在前方开了一个方槽，后方开了一个U形槽。

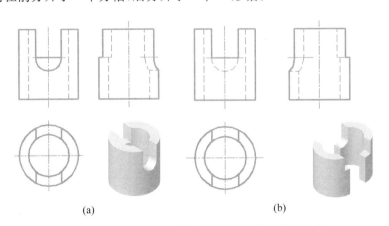

（a）　　　　　　　　　　　　（b）

图 5.19　注意视图中实线变虚线时物体形状的变化

4.5　善于构思物体的形状

为了提高读图的能力，应不断培养构思物体形状的能力，进一步丰富空间想象能力，达到

能正确和迅速地读懂视图。

例5.2 构思一个塞块能正好堵塞或通过如图5.20(a)所示板上的3个不同的孔,并画出物体的三视图。

可先构思一个正四棱柱,正好通过正方形孔;接着把正四棱柱4个棱倒圆,修成一个圆柱,正好通过圆孔;最后用两个侧垂面切割,正好能通过正三角形,如图5.20(b)所示。构思出物体的三视图,如图5.20(c)所示。该形体构思可应用制作专用量具通规和止规。

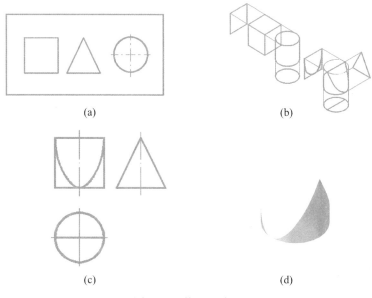

图5.20 构形设计一

例5.3 如图5.21(a)所示,已知物体的主、俯视图,试构思出不同形体,画出不同的左视图。

如图5.21(a)所示,物体的主、俯视图是线框相套的情况,线框相套表示空间的两个平面不平、倾斜或在面上打孔等。如图5.21(b)所示,大三棱柱上叠加一个小三棱柱;如图5.21(c)所示,大三棱柱斜面上挖一个小三棱柱槽;如图5.21(d)所示,大三棱柱上叠加一个小圆柱面。

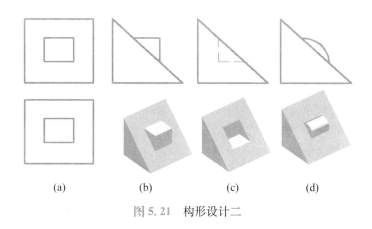

图5.21 构形设计二

思考 例 5.3 你还能构思出几种不同的形体来?

<h1 style="text-align:center">5. 组合体的尺寸标注</h1>

投影图只能表达组合体的结构形状,而各形体的真实大小及其相互位置,则要由尺寸来确定。组合体尺寸标注的基本要求是正确、完整、清晰。即所标注的尺寸数量齐全,无遗漏,也不重复;尺寸注写方法正确,符合国家标准的有关规定,且配置合理。

5.1 完整地标注尺寸

为了使尺寸标注完整,首先需对组合体进行形体分析,在熟悉基本体尺寸标注、带切口基本体尺寸标注的基础上,注全各组成部分的定形尺寸、定位尺寸和组合体的总体尺寸。

如图 5.22 所示组合体,底板长 46、宽 28、高 8,底板的左、右半圆形槽宽 10 及圆台上、下底面圆的外径尺寸 φ16、φ24,内孔直径 φ12 等均为定形尺寸;底板的半圆形槽轴线之间的距离 36 为定位尺寸,尺寸 46、28 和 21 分别为组合体长、宽、高 3 个方向的总体尺寸。

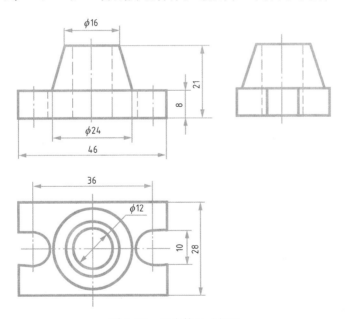

图 5.22 组合体尺寸标注

标注定位尺寸时,在组合体长、宽、高 3 个方向至少要分别选择一个尺寸基准。所谓尺寸基准,就是标注和度量尺寸的起点。选择尺寸基准必须既体现组合体的组合特点,又方便制造和测量。因此,在组合体中通常以对称面、底面、端面或主要的轴心线等作为尺寸基准。

5.2 清晰地标注尺寸

为了使尺寸标注清晰,除了必须遵守国家标准的有关规定外,还要考虑尺寸的布局,标注

尺寸应注意以下几点：

（1）同一形体的定形尺寸和定位尺寸，应尽量集中标注在反映该部分形状特征最明显的投影图上，如图 5.23 所示。

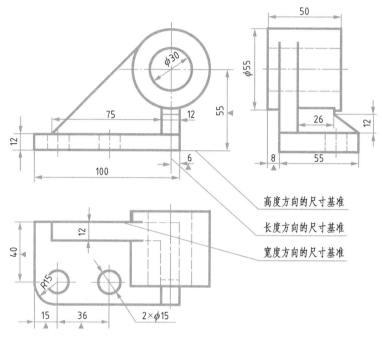

图 5.23 支座的尺寸标注

（2）圆柱、圆锥等回转体的直径尺寸，应尽量标注在反映其轴线的投影图上。圆弧半径尺寸必须注在反映圆弧实形的投影图上。

（3）尽量避免在虚线上标注尺寸。

（4）应尽量把尺寸标注在投影图的外边，与两投影有关的尺寸宜注在两投影图之间。

（5）尺寸线与轮廓线或尺寸线之间的距离，一般取 5～7 mm，间距最好一致，且排列整齐，同一方向首尾相接的尺寸，应尽量配置在同一直线上。而同一方向有数个并列的平行尺寸时，较小尺寸应靠近图形，较大的依次向外排列。尽量避免尺寸线和尺寸线或尺寸界线相交。

（6）直径相同，并在同一平面上均匀分布的孔组，只须标注一个孔的尺寸，再在直径符号"ϕ"前注明孔数（图 5.23 中尺寸 $2 \times \phi 15$）。在同一平面上若干半径相同的圆角，不应在半径符号"R"前加注相同半径的个数。

5.3 组合体尺寸标注的方法和步骤

支架的尺寸标注，如图 5.23 所示。其方法和步骤是：

（1）形体分析 分析各组成部分（底板、圆筒、两块支承板）的形状和相对位置。

（2）选择尺寸基准 选用圆筒的回转轴线作为长度方向的尺寸基准，底板的后端面作为宽度方向的尺寸基准，底板的下底面为高度方向的尺寸基准。

（3）标注定形尺寸 定形尺寸是用以确定各组成部分的形状大小的尺寸，如底板的尺寸

100、55、12 等,图中所有不带"▲"的尺寸便是定形尺寸。

（4）**标注定位尺寸** 定位尺寸是用以确定各组成部分的相对位置的尺寸,如圆筒由尺寸 55、8 和 6 定位,底板上两个 ϕ15 的小孔由尺寸 15、36 和 40 定位等,图中带"▲"者均为定位尺寸。

（5）**调整总体尺寸** 由于采用形体分析法标注尺寸,标注总体尺寸时可能产生尺寸多余或矛盾,因此,必须调整。图 5.22 中,注底板的高度、圆台的高度,再注总高时,必须调整为只标注总高和底板的高度。图 5.23 中,由于支架的总长等于底板的长度 100 减去圆筒长度方向的定位尺寸 6,再加上圆筒直径 ϕ55 的一半;总宽等于底板的宽度 55 加上圆筒宽度方向的定位尺寸 8;总高等于支架的中心高 55 加上圆筒直径 ϕ55 的一半。因此,该支架不必另行标注总体尺寸了。

练　习

1. 已知支架的两面投影,如图 5.24 和图 5.25 所示,补画侧面投影。

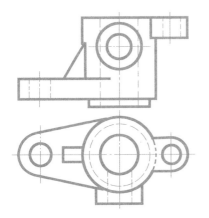

图 5.24　补画侧面投影图

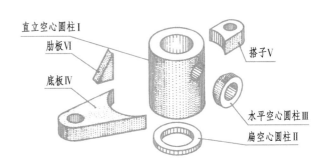

图 5.25　支架各组成部分的形状

直立空心圆柱 I
肋板 VI
底板 IV
搭子 V
水平空心圆柱 III
扁空心圆柱 II

第6章

〔1. 投影的读与绘制〕

轴 测 图

💡 **学习目标**　了解轴测图的基本概念；重点掌握画组合体正等轴测图和斜二轴测图的画法；了解轴测剖视图的画法。

1. 轴测图的基本知识

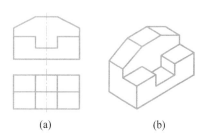

(a)　　　(b)

图 6.1　正投影图与轴测投影图的比较

物体的正投影图能够完整、准确地表达物体的形状和大小，具有作图简便、度量性好等优点，因此工程图样常用正投影图来表达，如图 6.1(a)所示。但正投影图立体感差，不易想象出物体的形状，而轴测图立体感强，因此工程上常作为辅助图样，用于方案讨论及广告等，如图 6.1(b)所示。

现行的轴测图国家标准仍是 GB/T 4458.3—1984。但正在修订，本章即按照新概念(例如轴向伸缩系数)介绍。

1.1　轴测图的形成

轴测图是用平行投影法将物体连同确定其空间位置的直角坐标系，沿不平行于任一坐标平面的方向，投射在单一投影面(轴测投影面)上所得到的图形，如图 6.2 所示。

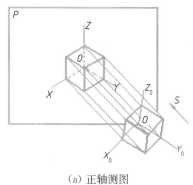

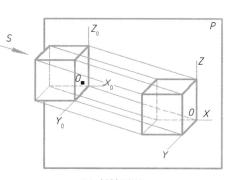

(a) 正轴测图　　　　　　　　　　　　(b) 斜轴测图

图 6.2　轴测图的形成

1.2 轴测图基本概念及投影特性

1. 基本概念

(1) 轴测投影面　用来进行轴测投影的投影面称为轴测投影面,通常用 P 表示。

(2) 轴测轴　物体上确定其空间位置的直角坐标系的坐标轴在轴测投影面上的投影称为轴测轴。通常空间直角坐标系的坐标轴用 O_0X_0、O_0Y_0、O_0Z_0 表示,轴测坐标系的轴测轴用 OX、OY、OZ 表示。

(3) 轴间角　每两个轴测轴之间的夹角称为轴间角。通常用 $\angle XOY$、$\angle XOZ$、$\angle YOZ$ 表示。由于空间坐标系的各坐标轴对轴测投影面的倾角可以不一样,因此轴测轴的轴间角可以不一样。

(4) 轴向伸缩系数　在空间直角坐标系中,与空间直角坐标轴平行的线段投射到轴测投影面上,其投影长度往往会发生改变。因此,用轴测轴上线段投影长度与它的实际长度之比就称为轴向伸缩系数。通常轴向伸缩系数用 p_1、q_1、r_1 分别表示 OX、OY、OZ 轴的轴向伸缩系数,则 OX 轴的轴向伸缩系数 $OX/O_0X_0 = p_1$,OY 轴的轴向伸缩系数 $OY/O_0Y_0 = q_1$,OZ 轴的轴向伸缩系数 $OZ/O_0Z_0 = r_1$。

2. 投影特性

由于轴测图是用平行投影法形成的,所以具有平行投影的特性:

(1) 定比性　空间同一线段上各段长度之比,等于其轴测投影长度之比。

(2) 平行性　空间互相平行的线段,其轴测投影仍互相平行。

(3) 度量性　凡与直角坐标轴平行的线段,其轴测轴必平行于相应的轴测轴,且伸缩系数与相应轴测轴的伸缩系数相同。因此,画轴测图时就可以沿轴测轴或平行于轴测轴的方向度量。

1.3 轴测图的分类

轴测图按投射方向和轴测投影面的位置不同可分为两大类:

(1) 正轴测图　轴测投射线方向垂直于轴测投影面。

(2) 斜轴测图　轴测投射线方向倾斜于轴测投影面。

根据不同的轴向伸缩系数,每类轴测图又可分为 3 类:正(或斜)等轴测图,$p_1 = q_1 = r_1$;正(或斜)二轴测图,$p_1 = r_1 \neq q_1$;正(或斜)三轴测图,$p_1 \neq q_1 \neq r_1$。

工程上常用正等轴测图和斜二轴测图。本章只介绍这两种轴测图的画法。

2. 正 等 轴 测 图

2.1 轴间角和轴向伸缩系数

正等轴测图是使物体旋转到确定其空间直角坐标系的 3 个投影轴与轴测投影面的倾角都是 $35°16'$,这样与之相对应的轴间角就均为 $120°$,即 $\angle XOY = \angle XOZ = \angle YOZ = 120°$。在画图中,规定 OZ 轴为竖直方向。轴间角如图 6.3(a)所示。

在正等轴测图中,OX、OY、OZ 等 3 个轴的轴向伸缩系数相等,即 $p_1 = q_1 = r_1 = \cos 35°16'$ ≈ 0.82。为了作图方便,将轴向伸缩系数简化为 1(即 $p = q = r = 1$),画出的轴测图比原轴测图沿各轴向分别放大了约 1.22 倍,如图 6.3(b、c)所示。

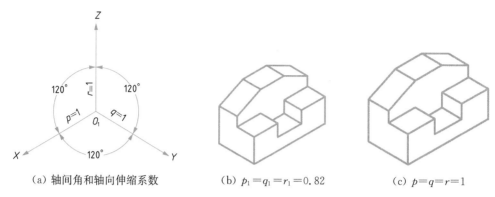

（a）轴间角和轴向伸缩系数　　　（b）$p_1 = q_1 = r_1 = 0.82$　　　（c）$p = q = r = 1$

图 6.3　正等轴测图的轴间角和轴向伸缩系数

2.2　正等轴测图画法

2.2.1　平面立体正等轴测图画法

1. 坐标法

绘制平面立体正等轴测图的基本方法是坐标法。根据物体的形状特点,选定合适的直角坐标系的坐标轴,画出轴测轴,然后按物体上各点的坐标关系画出其轴测投影,并连接各点形成物体的轴测图的方法。

例 6.1　根据六棱柱的两视图,用坐标法画出正等轴测图。

分析　首先选定直角坐标系的坐标轴及坐标原点,为了避免作出不可见的作图线,一般选择顶面的中心为坐标原点,然后再依次选择坐标轴。

作图　在投影图上选定坐标轴和坐标原点,如图 6.4(a)所示。画轴测轴,根据尺寸 D、S 在轴测轴上画出点 I、IV、A、B,如图 6.4(b)所示。过点 A、B 分别作直线平行 OX,并在 A、B 的两边各取 $L/2$ 画出点 II、III、V、VI。然后依次连接各顶点得六棱柱顶面轴测图,如图 6.4(c)所示。过各顶点沿 OZ 轴负方向画侧棱线,量取高度尺寸 H,依次连接得底面轴测图(轴测图上不可见轮廓线一般不画),最后检查加深,如图 6.4(d)所示。

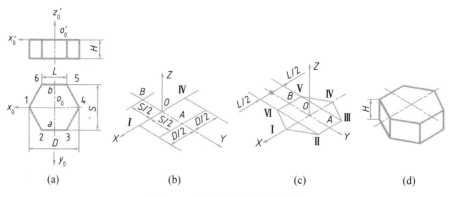

图 6.4　坐标法画正等轴测图

2. 切割法

对于挖切形成的物体,可以先画出完整形体的轴测图,再按形体的挖切过程逐一画出被切去部分,这种方法称切割法。

例6.2 根据图6.5(a)所示的切割体三视图,用切割法画出它的正等轴测图。

分析 该物体是由四棱柱切割后形成的。先用坐标法画出四棱柱,再逐一切割。

作图 把投影图补成完整的四棱柱,在视图上建立坐标系和坐标原点,如图6.5(a)所示。画轴测轴,利用坐标法依据 L、H、B 尺寸画出四棱柱的轴测图,如图6.5(b)所示。在轴测图上定出两点 Ⅰ、Ⅱ,用侧垂面切角,如图6.5(c、d)所示。定点 Ⅲ、Ⅳ,用正垂面切角,如图6.5(e)所示。擦去作图线,加深可见部分,得切割体的正等轴测图,如图6.5(f)所示。

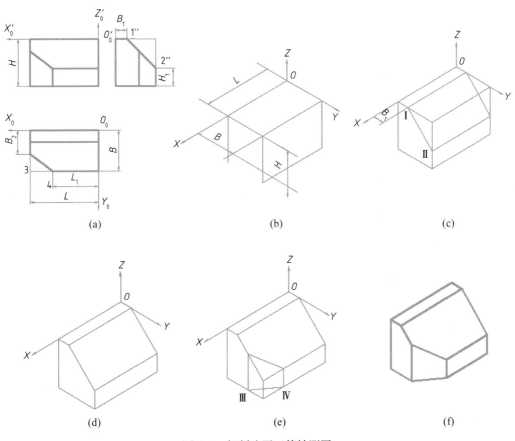

图6.5 切割法画正等轴测图

3. 组合法

对于叠加体,可用形体分析法将其分解成若干个基本体,然后按各基本体的相对位置关系画出轴测图,这种方法称组合法。

例6.3 如图6.6(a)所示叠加体的三视图,用切割法和组合法画出它的正等轴测图。

分析 该叠加体可分解为3部分,按照相对位置关系分别画出每一部分轴测图,再用切割法切去多余的部分,即得叠加体的轴测图。

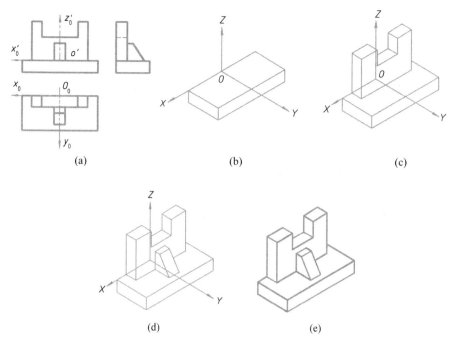

(a)　　　　　　　　　(b)　　　　　　　　　(c)

(d)　　　　　　　　　(e)

图 6.6　叠加体正等轴测图的画法

作图　根据图 6.6(a)的视图,画出底板的正等轴测图,如图 6.6(b)所示。画槽形板的正等轴测图,槽形板后端面的对称点应与底板上的 O 重合,如图 6.6(c)所示。画肋板的正等轴测图,如图 6.6(d)所示。检查加深可见的轮廓线,得叠加体正等轴测图,如图 6.6(e)所示。

2.2.2　回转体正等轴测图画法

1. 平行于坐标面的圆的正等轴测图的画法

平行于 3 个坐标面的圆的正等轴测投影均为椭圆,如图 6.7 所示。这些椭圆具有如下特点:

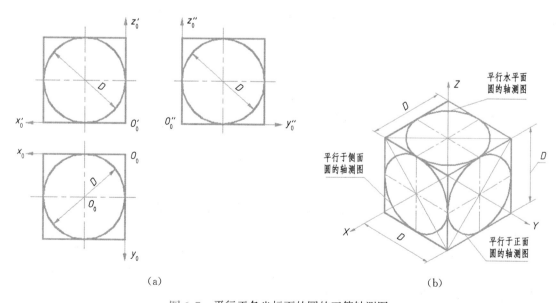

（a）　　　　　　　　　　　　　　　　（b）

图 6.7　平行于各坐标面的圆的正等轴测图

（1）椭圆的长短轴大小及方向　在画圆的正等轴测图中，保持 XOZ 平面与 V 面平行，这时椭圆的长短轴大小及方向与轴测投影轴的关系为：

平行于 XOZ 面：椭圆长轴长约为 $1.22d$，垂直于 OY 轴；短轴长约为 $0.7d$，平行于 OY 轴。

平行于 XOY 面：椭圆长轴长约为 $1.22d$，垂直于 OZ 轴；短轴长约为 $0.7d$，平行于 OZ 轴。

平行于 YOZ 面：椭圆长轴长约为 $1.22d$，垂直于 OX 轴；短轴长约为 $0.7d$，平行于 OX 轴。

（2）椭圆的近似画法　椭圆常用菱形四心法。

例6.4　画出图 6.8(a)所示的水平圆的正等轴测图。

分析　它是用 4 段圆弧组成一个椭圆，弧的端点正好是椭圆外切菱形的切点。

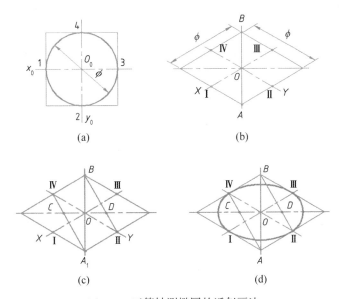

图 6.8　正等轴测椭圆的近似画法

作图　过圆心 O_0 作坐标轴 O_0x_0 和 O_0y_0，再作圆的外切正方形，切点为 1、2、3、4，如图 6.8(a)所示。画出轴测轴 OX、OY。从 O 点沿轴向量圆的半径，得切点Ⅰ、Ⅱ、Ⅲ、Ⅳ。过各点分别作轴测轴的平行线，得圆外切正方形的轴测图——菱形，再作菱形的对角线，如图 6.8(b)所示。作菱形两顶点 A、B 和其两对边中点的连线（这些连线就是各菱形边的中垂线），交菱形长对角线于 C、D，A、B、C、D 即是画近似椭圆的 4 个圆心，如图 6.8(c)所示。分别以 A、B 为圆心，AⅣ为半径画出两大圆弧；以 C、D 为圆心、CⅠ为半径画出两小圆弧。4 个圆弧组成近似椭圆，如图 6.8(d)所示。

思考　（1）正平圆和侧平圆的正等轴测图如何画？

2. 圆柱正等轴测图的画法

例6.5　依据所给两视图，画出圆柱的正等轴测图，如图 6.9(a)所示。

作图　在圆柱视图上选顶圆圆心为坐标原点，画出坐标轴。画轴测轴，定上下底的中心，画出上下底的菱形，如图 6.9(b)所示。用菱形四心法画出上下底椭圆，作出左右公切线，如图 6.9(c)所示。擦去多余图线和不可见部分并加深图线，如图 6.9(d)所示。

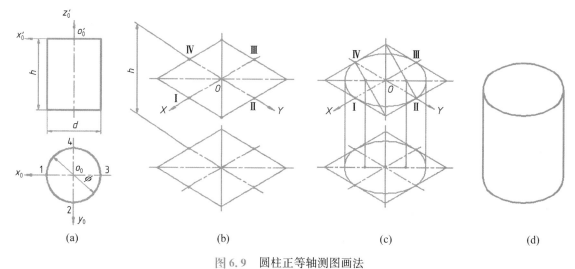

图 6.9 圆柱正等轴测图画法

3. 带圆角底板的正等轴测图画法

例 6.6 根据图 6.10(a)所示的机件两视图,画出圆角(1/4 圆弧)的正等轴测图。

分析 如图 6.10 所示的机件底板上有两个圆角(1/4 圆弧),这两个圆角在轴测图上可认为是两个 1/4 圆柱面。这两个圆弧各相应于整圆的 1/4,可以采用近似画法画出它们的正等轴测投影。以各角顶点为圆心,圆角半径为半径,这样各自的圆心在所作外切菱形各中点垂线的交点上,圆弧半径也随之而定,画出该角两边垂足间的圆弧即可。

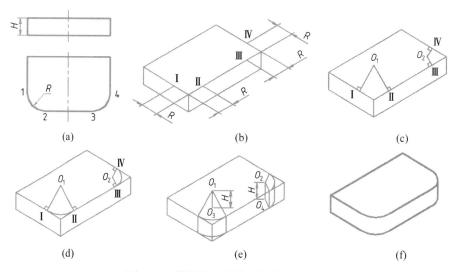

图 6.10 带圆角底板的正等轴测图画法

作图 先画出底板的正等轴测图,并根据半径 R 得到上端面的 4 个切点 Ⅰ、Ⅱ、Ⅲ、Ⅳ,如图 6.10(b)所示。过 4 个切点分别做相应边的垂线,得底板上端面圆角圆心 O_1、O_2,如图 6.10(c)所示。过圆心 O_1、O_2 作圆弧切 4 个切点于 Ⅰ、Ⅱ、Ⅲ、Ⅳ,如图 6.10(d)所示。用移心法,从两圆心 O_1、O_2 处向下量取板厚,得底板下端面圆角的两圆心 O_3、O_4。过圆心 O_3、O_4 作圆弧,如图 6.10(e)所示。作以 O_1、O_2 为中心的对应圆弧的外公切线,擦去多余的作图线,加深完成正等轴测图,如图 6.10(f)所示。

3. 斜 二 轴 测 图

3.1 轴间角、轴向伸缩系数

斜轴测图的形成条件是物体正放、光线斜射。工程上常用的斜二轴测图,其轴间角 $\angle XOZ$ 为 $90°$,并且 OX 和 OZ 的轴向伸缩系数都是 1,即 $p_1 = r_1 = 1$。OY 轴测轴的方向与轴向伸缩系数要随着投射方向的改变而改变,一般使 OY 与水平线的夹角为 $45°$,取 $q_1 = 0.5$,如图 6.11 所示。

斜二轴测图的特点是:物体上凡平行于 $X_0O_0Z_0$ 坐标面的平面,在轴测图上都反映实形。凡平行于 Y 轴的线段长度为原长度的 1/2,因此,当物体某一方向上有较多圆或圆弧曲线时,常采用此方法作图。

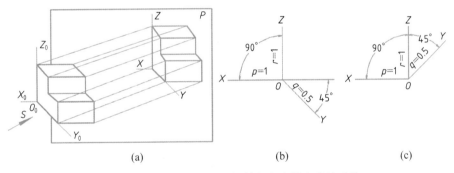

(a)　　　　　　　　(b)　　　　　　　　(c)

图 6.11　斜二轴测图的形成、轴间角和轴向伸缩系数

3.2 斜二轴测图画法

1. 平行于坐标面的圆的斜二轴测图画法

在斜二轴测图中,平行于 $X_0O_0Z_0$ 坐标面上的圆反映该圆的实形;平行于 $X_0O_0Y_0$ 和 $Y_0O_0Z_0$ 坐标面上的圆的投影是形状相同、方向不同的椭圆。它们的长轴与圆所在的坐标面上的一根轴测轴成 $7°10'(\approx 7°)$ 的夹角。它们的长轴约为 $1.06d$,短轴约为 $0.33d$。椭圆画法较麻烦,如图 6.12 所示,所以当物体上只在一个方向上有较多圆或圆弧曲线时,用斜二轴测图较方便。

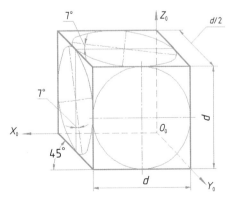

图 6.12　平行于 3 个坐标面的圆的斜二轴测图

2. 斜二轴测图画法举例

例 6.7 已知组合体的主、俯视图,如图 6.13(a)所示,画出它的斜二轴测图。

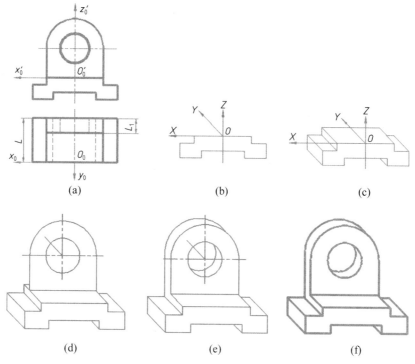

图 6.13 组合体的斜二轴测图画法

作图 在视图上选择坐标轴,如图 6.13(a)所示。画出轴测轴,运用形体分析法将组合体分解为支座和支架两部分,画出支座前端面的图形,与主视图该部分完全一样,如图 6.13(b)所示。在 OY 轴上,从 O 处向后移支座宽 L 的一半($L/2$),画出支座的后端面及可见的轮廓线,得到支座的斜二轴测图,如图 6.13(c)所示。确定支架前端面圆心相对于支架的位置,画出支架前端面图形,该图形与主视图中支架部分的图形完全一样,如图 6.13(d)所示。使支架前端面圆心沿 OY 轴方向向后移支架厚度 L_1 的一半($L_1/2$),画出支架后端面的图形,画出其他可见线及圆弧的公切线,如图 6.13(e)所示。擦去多余的作图线,检查,加深,得到组合体斜二轴测图,如图 6.13(f)所示。

4. 轴测剖视图的画法

在轴测图中,为了表达物体的内部形状,可以假想用剖切平面将物体的一部分剖去,这种剖切后的轴测图称为轴测剖视图。为了使物体的内外结构都表达清楚,一般用两个平行于坐标面的相交平面剖开物体。

4.1 轴测图上剖面线的画法

在正投影图上剖面线(金属材料)的方向与水平线成 45°,在轴测图中也要符合这个关系。由于 45°角的对边和底边是 1:1 的比例关系,所以可以在轴测轴上按各个轴的简化系数取相等的长度画出剖面线的方向。如图 6.14(a)所示,在 X 轴和 Z 轴上各取 1 长度单位,连以直线,即为 XOZ 平面上 45°线的方向。凡平行于 XOZ 平面的剖面上,剖面线都应该与此线平行。对正等轴测图来说,该线与水平线成 60°。常用轴测图上剖面线的方向如图 6.14(a、b)所示。

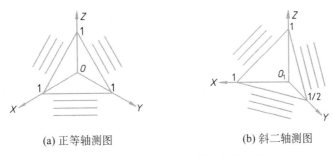

(a) 正等轴测图　　　　　　　　(b) 斜二轴测图

图 6.14　常用轴测图上剖面线的方向

4.2 轴测剖视图的画法

1. 先画外形再剖切

例 6.8　绘制如图 6.15(a)所示物体的轴测剖视图。

作图　首先画完整的外形,并定出剖切平面的位置,如图 6.15(b)所示;然后画出剖切平面与物体的交线,如图 6.15(c)所示;最后加深,擦去多余线条,加画剖面线,如图 6.15(d)所示。

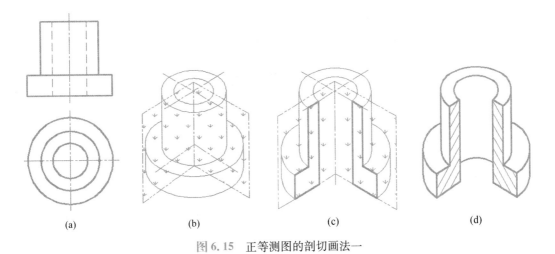

(a)　　　　　　(b)　　　　　　(c)　　　　　　(d)

图 6.15　正等测图的剖切画法一

2. 先画断面形状,后画外形

例 6.9　绘制如图 6.16(a)所示物体的轴测剖视图。

作图　先定出剖切平面的位置,画出断面形状,如图 6.16(b)所示;然后画出断面后面可见部分的投影并加深,如图 6.16(c)所示。这种方法可以少画切去部分的外形线。

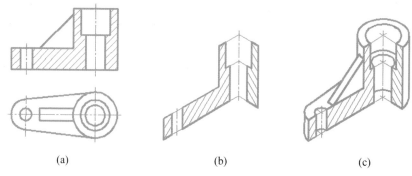

| (a) | (b) | (c) |

图 6.16　正等轴测图的剖切画法二

画轴测剖视图时,若剖切平面通过肋或薄壁结构的对称面时,则这些结构要素的剖面内,规定不画剖面符号,用粗实线把它和连接部分分开。

练　习

1. 根据图 6.17 及提示在作业本上画出端盖的斜二轴测图。

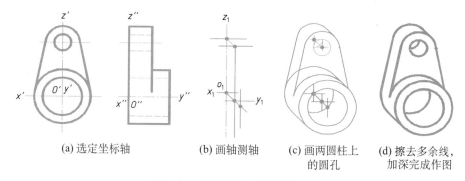

(a) 选定坐标轴　　(b) 画轴测轴　　(c) 画两圆柱上　　(d) 擦去多余线,
　　　　　　　　　　　　　　　　　　的圆孔　　　　　加深完成作图

图 6.17　端盖的斜二轴测图画法

第 7 章

机件的常用表达方法

🔆 **学习目标** 掌握各种视图、剖视图和断面图的画法、标注和应用;熟悉各种简化画法。

1. 视 图

工程实际中,机件的结构形状是千变万化的,有些机件的内外形状都比较复杂,只用三视图往往不能完整、清楚、简便地表达。为此,国家标准《机械制图》规定了视图、剖视图、断面图、局部放大图和简化画法等基本表示法。

采用正投影法将机件向基本投影面投射所得的图形称为视图。视图主要用于表达机件的外部结构形状,对机件中不可见的结构形状,只在必要时才用细虚线画出。表达机件信息量最多的那个视图应作为主视图,通常是机件的工作位置或加工位置或安装位置,当需要其他视图(包括剖视图和断面图)时,应遵循如下视图选择的基本原则:

(1) 在明确表达机件的前提下,使视图(包括剖视图和断面图)的数量最少;

(2) 尽量避免使用虚线表达机件的轮廓及棱线;

(3) 避免不必要的细节重复。

基于上述视图选择的基本原则,国家标准对用于表达机件外部结构形状的视图制定了 4 种表达方式,即基本视图、向视图、局部视图和斜视图,以应对各种机件对于外形表达的不同需要。

1.1 基本视图

1.1.1 基本视图的形成

国家标准规定,将机件置于一个正六面体中,如图 7.1(a)所示,采用正投影法分别向这个正六面体的 6 个表面(基本投影面)投射,所得的视图称为基本视图。6 个基本投影面展开时,规定主视图所在的 V 投影面不动,其他各投影面的展开方法如图 7.1(b)所示。

1.1.2 基本视图的配置

6 个基本视图的名称和配置关系如图 7.2 所示,按此方式布置时,一律不注视图名称;若不按此方式布置时,应按规定标注视图名称。

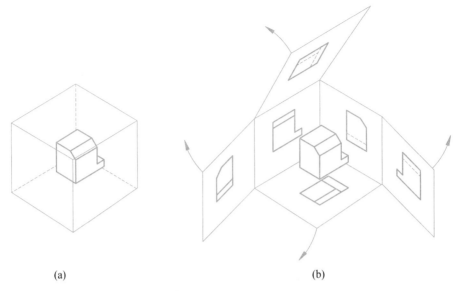

(a)   (b)

图 7.1 基本视图的形成

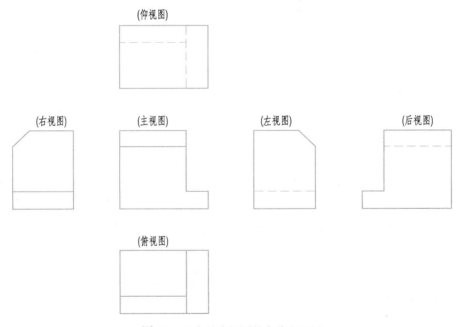

图 7.2 6 个基本视图的名称和配置

1.1.3 基本视图的投影规律

6 个基本视图仍保持长对正、宽相等、高平齐的 3 等关系,即:

(1) 主、俯、仰、后视图 长对正;

(2) 俯、左、仰、右视图 宽相等;

(3) 主、左、右、后视图 高平齐。

1.1.4　基本视图的选用

实际画图时,除主视图外,其余视图应根据机件的复杂程度,在完整、清楚地表达各部分结构形状及其相对位置的前提下,按视图选择的 3 个基本原则合理选用。如图 7.3 所示的机件采用主、左、右 3 个视图而不是采用通常的主、俯、左三视图。

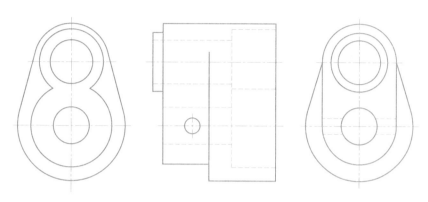

图 7.3　基本视图的选用

1.2　向视图

向视图是可以自由配置的视图。当某视图不能按投影关系配置时可采用向视图绘制,但必须标注该视图,一般在机械图样上采用在向视图的上方标注"*X*"("*X*"为大写的拉丁字母),在相应的视图附近用箭头指明投射方向,并标明相同的字母,如图 7.4 所示。

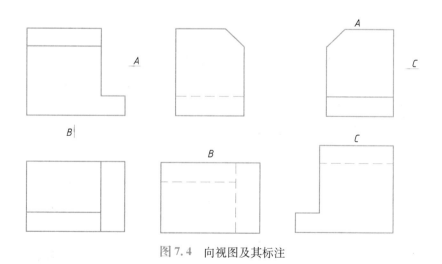

图 7.4　向视图及其标注

1.3　局部视图

局部视图是将机件的某一部分向基本投影面投射所得的视图。当机件只有局部结构形状尚未表达清楚,而没有必要画出其完整的基本视图时,可采用局部视图表达该局部结构。

局部视图的配置、画法及标注如下。

（1）局部视图可按基本视图的配置形式配置,中间又没有其他图形隔开时,则不必标注,如图7.5中的局部视图 A 和图7.8中的局部俯视图。

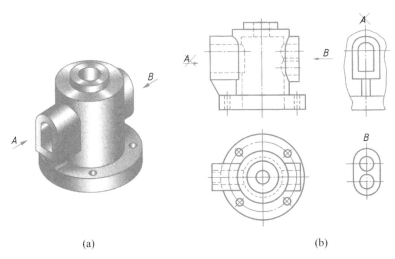

(a)　　　　　　　　　　　　　　(b)

图7.5　局部视图(一)

（2）局部视图也可按向视图的配置形式配置在适当位置并标注,如图7.5中的 B 向局部视图。

（3）局部视图的断裂边界用波浪线或双折线绘制,如图7.5中的局部视图 A 和图7.8中的局部俯视图;但当所表示的局部结构是完整的,其图形的外轮廓线呈封闭时,波浪线可省略不画,如图7.5中的局部视图 B。

（4）按第三角画法配置在视图上所需表示机件局部结构的附近,并用细点画线将两者相连,此时不必另行标注,如图7.6所示。

（5）为了节省绘图时间和图幅,对称机件的视图可只画1/2 或1/4,并在对称中心线的两端画出两条与其垂直的平行细实线,如图7.7所示。

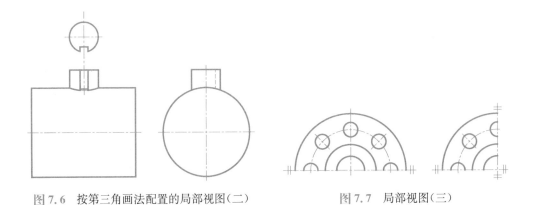

图7.6　按第三角画法配置的局部视图(二)　　　图7.7　局部视图(三)

1.4　斜视图

斜视图是机件向不平行于基本投影面的平面投射所得的视图。当机件上某局部结构不平行于任何基本投影面,则在任何基本投影面上均不能反映该部分的实形时,可采用一个新的辅助投影面,使它与机件上倾斜结构的主要平面平行,并垂直于某一基本投影面。然后,将该倾斜结构向辅助投影面投射,就得到反映该倾斜结构实形的视图,即为斜视图。

画斜视图时应注意如下两个方面。

(1) 只需画出机件上倾斜结构的实形,而机件的其余部分则不必表达,并在适当位置用波浪线或双折线断开即可。斜视图必须完整标注,如图 7.8(a) 中的 A 向斜视图。

(2) 斜视图一般按投影关系配置,必要时也可配置在其他适当的位置,在不致引起误解时,允许将图形旋转后画出,但需加注旋转符号,且表示斜视图名称的大写拉丁字母应靠近旋转符号的箭头端,如图 7.8(b) 所示。注意,斜视图图形的旋转角度应以避免图形倒置、不致引起误解为前提,一般以小于 90° 为宜(视具体情况而定,需要时也可采用大于 90° 的旋转角度),必要时可将旋转角度标注在大写拉丁字母之后,如图 7.8(c) 所示。

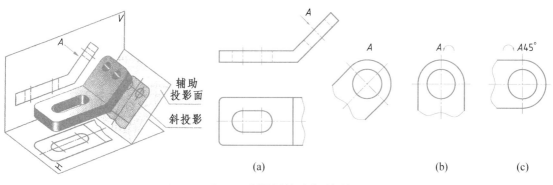

| | (a) | | (b) | (c) |

图 7.8　斜视图的画法及标注

2.　剖　视　图

视图主要用于表达机件的外部结构形状,但是当机件的内部结构比较复杂时,在视图中就会出现较多的虚线,甚至粗实线与虚线重叠不清,既影响了图形的清晰,不便于读图,又不利于标注尺寸。为了清晰地表达机件的内部结构,常采用剖视图来表达。

2.1　剖视图的生成

2.1.1　剖视图的基本概念

假想用剖切面剖开机件,将处在观察者和剖切面之间的部分移去,而将其余部分向投影面投射所得的图形称为剖视图,简称剖视。

2.1.2　剖视图的画法

(1) 确定剖切面的位置　剖切面的位置取决于所需表达的结构的位置,为保持剖视图的完整性,剖切面一般应通过机件的对称平面或孔、槽等结构的轴线,且与某个投影面平行。

(2) 画剖视图　假想将机件位于剖切面与观察者之间的部分移去,把余下部分向投影面投射,就能画出剖视图。剖切面后面的可见轮廓线必须画出,如图 7.9 所示。

（3）画剖面符号　应在剖切到的断面上画出剖面符号。

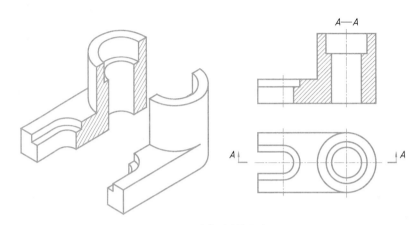

图 7.9　剖视图的生成

2.1.3　剖面符号

剖切面与机件的接触部分,称为剖面区域。该区域要画出与材料相对应的剖面符号,以便区别机件的实体与空腔部分。

国家标准规定,当不需要表示材料的类别时,均可采用通用剖面符号即剖面线表示。通用剖面线为间隔相等的平行细实线,绘制时最好与图形主要轮廓线或剖面区域的对称线成 45°,如图 7.10 所示。

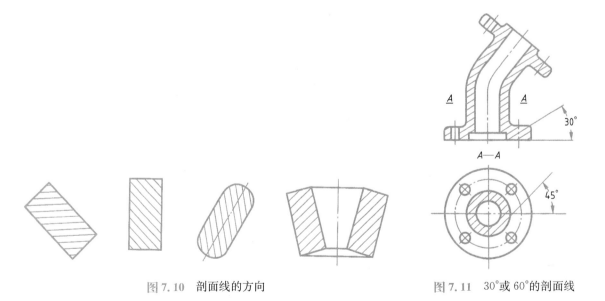

图 7.10　剖面线的方向

图 7.11　30°或 60°的剖面线

当图形中的主要轮廓线与水平线成 45°时,该图形的剖面线应画成与水平线成 30°或 60°,其倾斜方向应与其他视图中的剖面线朝向一致;同一机件在各个剖面区域的剖面线应间隔相等,方向一致,如图 7.11 所示。

当需要在剖面区域中表示材料类别时,应采用特定的剖面符号表示。国家标准规定了各种材料类别的剖面符号,见表 7.1。

表 7.1　剖面符合(摘自 GB/T 4457.5—1984)

材料名称		剖面符号	材料名称	剖面符号
金属材料 (已有规定剖面符号者除外)			线圈绕组元件	
非金属材料 (已有规定剖面符号者除外)			转子、变压器等的迭钢片	
型砂、粉冶治金、陶瓷、硬质合金等			玻璃及其他透明材料	
木质胶合板(不分层数)			格网 (筛网、过滤网等)	
木材	纵剖面		液体	
	横剖面			

注:1. 剖面符号仅表示材料的类别,材料的名称和代号必须另行注明。
　　2. 迭钢片的剖面方向,应与束装中迭钢片的方向一致。
　　3. 液面用细实线绘制。

2.1.4　剖视图的标注

为便于读图,剖视图一般应标注,标注的内容包括以下 3 个要素:

(1) 剖切线　指示剖切面的位置,用细点画线表示。剖视图中通常省略不画出。

(2) 剖切符号　指示剖切面起止和转折位置(用粗短线表示)及投影方向(用箭头表示)的符号,在剖切面的起、迄和转折处标注与剖视图名称相同的字母。

(3) 字母　表示剖视图的名称,用大写拉丁字母注写在剖视图的上方。

标注的形式如图 7.12 中的 $A—A$、$B—B$ 所示。

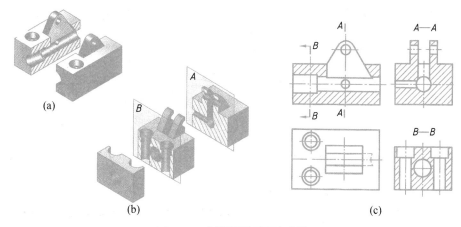

图 7.12　剖视图的配置与标注

下列情况的剖视图可省略标注：

（1）当剖视图按投影关系配置，中间又没有其他视图隔开时，可省略箭头，如图 7.11 中的 A—A 剖视图。

（2）当单一剖切平面通过机件的对称平面或基本对称平面，按视图投影关系配置，中间又没有其他视图隔开时，可省略标注，如图 7.11 主视图和图 7.13 所示。

2.1.5　画剖视图时应注意

（1）纵向剖切　当剖切面通过机件的肋、轮辐及薄壁的对称平面时，称为纵向剖切。国家标准规定，纵向剖切时局部按不剖处理，剖切到的结构（肋、轮辐及薄壁等）都不画剖面符号，如图 7.13 所示。

（2）剖切是假想的　当机件的一个视图画成剖视图后，其余视图仍按完整机件画出。

（3）在剖视图中一般只画可见部分　只有剖视图

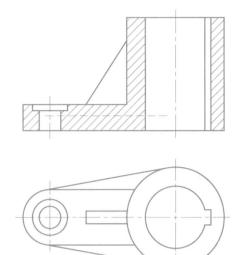

图 7.13　全剖视图（肋板纵向剖切）

和其他视图均未表达清楚的不可见结构，才需要用虚线画出，如图 7.13 所示。

2.2　剖视图的种类

按照剖切面剖开机件的范围，剖视图可以分为全剖视图、半剖视图和局部剖视图。

2.2.1　全剖视图

全剖视图是用剖切平面完全剖开机件所得的剖视图。全剖视图适用于外形简单、内部结构较复杂的机件（对称、不对称机件均适用），其优点是整体感强。例如，图 7.14 所示的外形简单的回转体就采用全剖视图来表达，有整体感，便于标注尺寸。前述图 7.11 和图 7.13 都是采用全剖视图的图例。

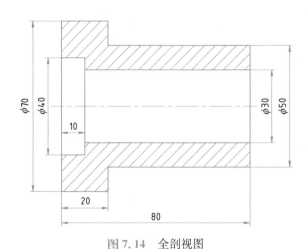

图 7.14　全剖视图

2.2.2　半剖视图

当机件具有对称平面时，向垂直于对称平面的投影面上投射所得的图形，以对称中心线为界,一半画成剖视图,另一半画成视图,这种剖视图称为半剖视图。

　　注意　在半个外形视图中,不必要的虚线一律不画!

　　半剖视图适用于外形及内部结构均较复杂的对称机件,如图 7.15 所示,或基本对称机件 (机件形状接近于对称,且不对称部分已另有图形表达清楚),如图 7.16 所示,其优点是内外 兼顾。

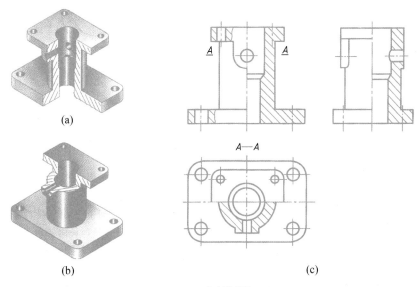

图 7.15　半剖视图(一)

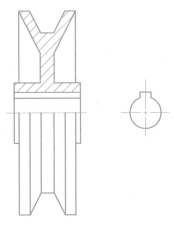

图 7.16　半剖视图(二)

画半剖视图应注意以下 3 点。
(1) 半个剖视图与半个视图的分界线应是细点画线。
(2) 某些对称机件,当其对称平面的中心线与机件的外形或内轮廓线重合时,不宜作半剖 视,如图 7.17 所示。

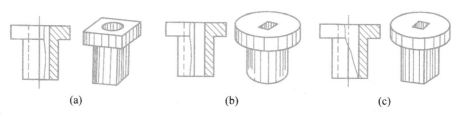

(a)   (b)   (c)

图 7.17   不宜作半剖视的机件

（3）在半剖视图中，半个视图中的虚线不必画出，如图 7.18 所示。

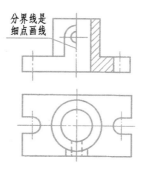

图 7.18   半剖视图（三）

2.2.3 局部剖视图

局部剖视图是用剖切面局部地剖开机件所得的剖视图。局部剖视图适用于外形及内部结构均较复杂的不对称机件，如图 7.19 所示，或不宜采用半剖视图表达的对称机件（对称机件有轮廓线与对称中心线重合），如图 7.20 所示。

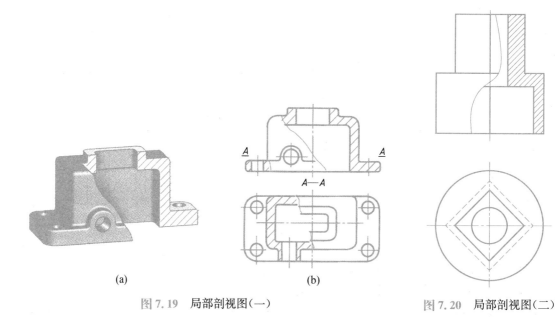

(a)   (b)

图 7.19   局部剖视图（一）   图 7.20   局部剖视图（二）

局部剖视图是一种比较灵活的表达方法,运用得当,可使图形表达得简洁而清晰。画局部剖视图是还需注意以下 5 点。

　　(1) 当实心机件(如轴、杆等)上面的孔或槽等局部结构需剖开表达时,如图 7.21 所示。

　　(2) 当被剖的局部结构为回转体时,允许将该结构的中心线作为局部剖视与视图的分界线,如图 7.22 所示。

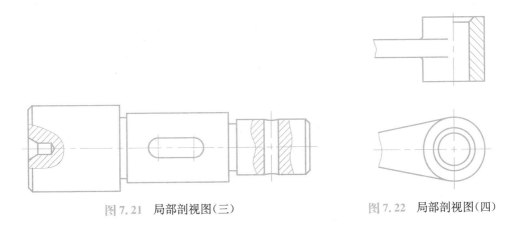

图 7.21　局部剖视图(三)　　　　　图 7.22　局部剖视图(四)

　　(3) 剖切位置和剖切范围根据需要而定,剖开部分与未剖部分用波浪线分界,波浪线应画在机件的实体部分,不能超出视图的轮廓线或与图样上得其他图线重合,如图 7.23 所示。

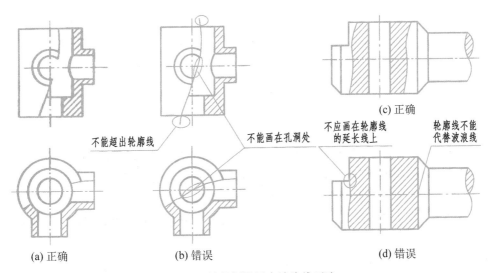

图 7.23　局部剖视图中波浪线画法

　　(4) 局部剖视图的标注方法与全剖视图相同,当剖切位置明确时,局部剖视图不必标注。

　　(5) 局部剖视图是一种比较灵活的表达方法,哪里需要哪里剖。但在同一个视图中,使用局部剖这种表达法的次数不宜过多,否则会显得凌乱而影响图形的清晰。

2.3 剖切面的选用

根据机件的结构特点和表达需要,可选择以下 3 种剖切面剖开机件。

2.3.1 单一剖切面

当机件的内部结构位于一个剖切面上时,可选用单一剖切面。可细分为下列 3 种情况。

(1) 平行于某一基本投影面的单一剖切平面,即前述的全剖、半剖和局部剖的例子均采用此类剖切面,可以省略标注。

(2) 不平行于任一基本投影面的单一剖切平面,如图 7.24 所示,必须完整标注,在不致以引起误解时,允许将图形转正,并加注旋转符号。

(3) 单一剖切柱面,如图 7.25 所示,采用剖切柱面时,机件的剖视图应按展开方式绘制。

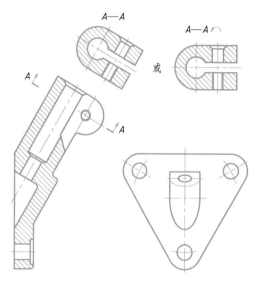

图 7.24　不平行于基本投影面的单一剖切面

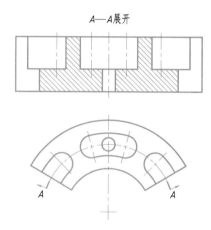

图 7.25　单一圆柱剖切面

2.3.2 几个平行的剖切平面

当机件的内部结构位于几个平行平面上时,可采用几个平行的剖切面来剖切。如图 7.26 所示,机件上几个孔的轴线不在同一平面内,如果用一个剖切平面剖切,不能将内部形状全部表达出来。为此,采用两个互相平行的剖切平面沿不同位置孔的轴线剖切,这样就可以在一个剖视图上把几个孔的形状表达清楚了。剖视图按投影关系配置时则可省略箭头,其他标注不得省略。

采用这种剖切平面画剖视图时应注意以下 3 个方面。

(1) 因为剖切平面是假想的,所以在剖视图上不应画出剖切平面转折位置的界线,如图 7.27(a)所示。

(2) 剖切平面转折处不应与图中轮廓线(粗实线或虚线)重合,如图 7.28 所示。

(3) 剖视图中不应出现不完整的要素,如图 7.27(b)所示,即不要在半个孔处转折。仅当两个要素在图形上具有公共对称中心线或轴线时,才可以各画一半,此时应以对称中心线或轴线为界,如图 7.29 所示。

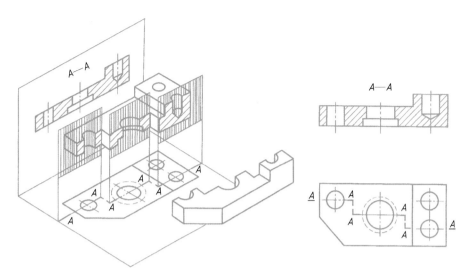

图 7.26　用几个平行的剖切平面剖切(一)

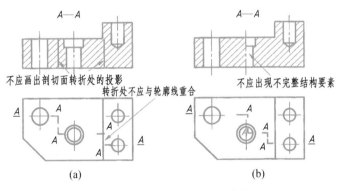

图 7.27　用几个平行的剖切平面剖切(二)

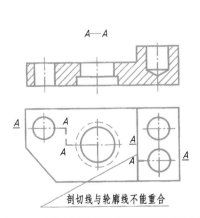

图 7.28　用几个平行的剖切平面剖切(三)

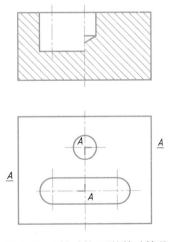

图 7.29　平行剖切面的特殊情况

2.3.3　几个相交的剖切平面

当机件的内部结构形状用一个剖切平面无法表达,需要用几个相交的剖切平面剖开机件,移去观察者与剖切平面之间的部分,并将被剖切面剖开的倾斜结构及其有关部分旋转到与选定的基本投影面平行再投射,如图7.30所示。

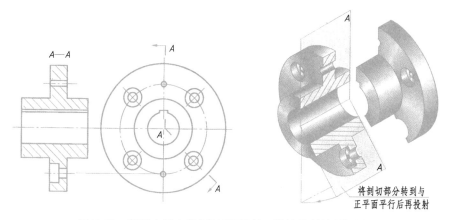

图7.30　用两个相交的剖切平面剖切(旋转绘制的剖视图)

采用这种剖切面画剖视图时应注意以下5个方面。

(1)几个相交的剖切平面的交线(一般为轴线)必须垂直于某一投影面。

(2)应按先剖、再转、后投影的方法绘制剖视图,使剖开的倾斜结构及其有关部分旋转到与某一选定的投影面平行后再投射,此时旋转部分的某些结构与原图形不再保持投影关系。如图7.31所示机件中倾斜部分的剖视图。在剖切面后面的结构(图中的油孔)仍按原来的位置投射。

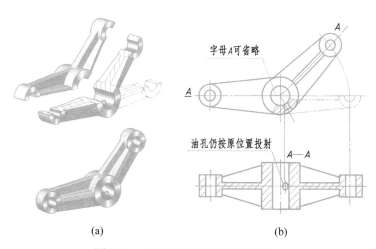

(a)　　　　　　　　　　　　　　　(b)

图7.31　剖切平面后其他结构的处理

(3)采用这种剖切面剖切时必须标注,注意箭头的方向应该垂直于剖切面。

(4)当剖切后机件上的某结构会出现不完整要素时,则这部分结构按不剖处理。

（5）当采用连续的几个相交的剖切面剖切时，一般用展开画法，剖视图上方标注"X—X展开"，如图7.32所示。

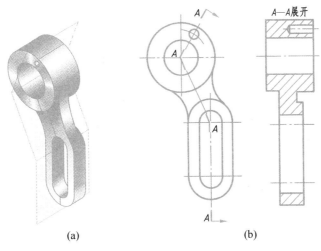

(a)　　　　　　　　(b)

图7.32　展开绘制的剖视图

3. 断　面　图

当机件上只有某局部结构如槽、凹坑、肋板、小孔、轮辐等的断面形状还未表达清楚时，若采用剖视图来表达这些局部结构则会产生不必要的细节重复，为此国家标准制定了断面图的表达方法以应对机件的这种需要。

3.1　断面图的基本概念

假想用剖切平面将机件的某处切断，仅画出剖切面与机件接触部分的图形称为断面图，简称断面。断面图仅画出机件被剖切后的断面形状，如图7.33(b)所示。

剖视图与断面图的区别是：剖视图除了要画出断面形状之外，还必须画出机件上位于剖切平面后的可见部分轮廓线，如图7.33(c)所示。断面图主要用来表达机件的某一部位的断

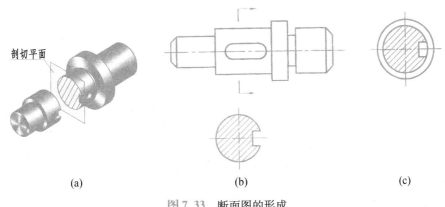

(a)　　　　　　　　(b)　　　　　　　　(c)

图7.33　断面图的形成

面形状,如轴类零件的断面,以及机件上的肋板、轮辐、键槽等。断面图的画法要遵循 GB/T 17452—1998、GB/T 4458.6—2002 的规定。

按断面图配置位置不同,断面图可分为移出断面图和重合断面图两种。

3.2 移出断面图

移出断面图的图形应画在视图之外,轮廓线用粗实线绘制。

3.2.1 移出断面图的配置及标注

(1) 移出断面图通常配置在剖切符号或剖切线的延长线上,这时需要标注剖切符号,如图 7.34(b)所示;当断面图形对称时可省略标注,如图 7.34(a)所示。

(2) 移出断面图也可配置在基本视图位置或按投影关系配置,这时需要标注剖切符号和名称,如图 7.34(d)所示。

(3) 必要时,移出断面图也可配置在其他适当位置,这时必须标注,对称图形可省略箭头,如图 7.34(c)所示。

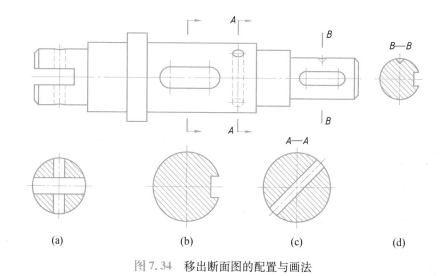

图 7.34　移出断面图的配置与画法

(4) 当断面图形对称时,移出断面图也可配置在视图的中断处,这时不必标注,如图 7.35 所示。

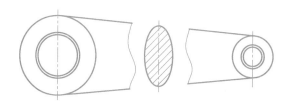

图 7.35　配置在视图中断处的移出断面图

3.2.2 画移出断面图的注意点

(1) 当剖切平面通过回转而形成的孔或凹坑的轴线时,则这些结构按剖视要求绘制,如图 7.34(a、c)中的圆柱通孔和图 7.36 中的圆柱、圆锥凹坑正误对比。

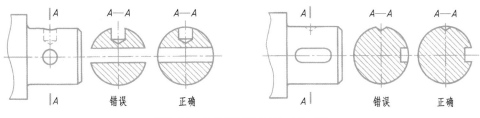

图 7.36　移除断面图画法正误对比

（2）当剖切平面通过非圆孔，会导致出现完全分离的断面时，则这些结构应按剖视要求绘制，如图 7.34（a）和图 7.37 所示。

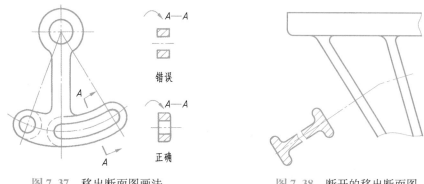

图 7.37　移出断面图画法　　　　图 7.38　断开的移出断面图

（3）剖切平面应与被剖切部分的主要轮廓线垂直，以便反映截断面的真实形状，如图 7.38 所示，两个相交的剖切平面分别垂直于左右两边的轮廓线，所得到的断面图中间用波浪线断开。

3.3　重合断面图

重合断面图的图形应画在视图之内，断面轮廓线用细实线绘出。当视图中轮廓线与重合断面图的图形重叠时，视图中的图形仍应连续画出，不可间断，如图 7.39 所示。

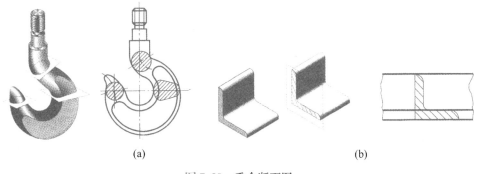

（a）　　　　　　　　　　　　　　　（b）

图 7.39　重合断面图

对称的重合断面图不必标注，不对称的重合断面图在不致引起误解时也可省略标注。

4. 局部放大图和常用的简化画法

4.1 局部放大图

将机件的部分结构,用大于原图形的比例画出的图形,称为局部放大图。局部放大图常用于机件的局部结构尺寸较小、清晰地表达和标注有困难时采用。局部放大图可画成视图、剖视图、断面图,与被放大部位的表达无关。局部放大图应尽量配置在被放大部位的附近,如图 7.40 所示。当同一机件上有几处需要放大时,可用细实线圈出被放大的部位,用罗马字母依次标明放大的部位,并在局部放大图的上方标注出相应的罗马数字和所采用的比例。

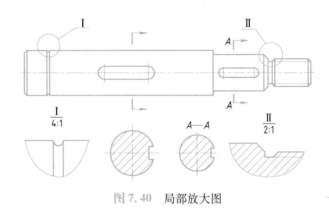

图 7.40 局部放大图

4.2 常用的简化画法

4.2.1 简化原则

在《技术制图》国家标准(GB/T 16675.1—2012)中规定了一些图样的简化表示法,其简化的原则如下:

(1) 简化必须保证不至于引起误解和不会产生理解的多义性,在此前提下,应力求制图简便;

(2) 便于识读和绘制,注重简化的综合效果;

(3) 在考虑便于手工制图和计算机制图的同时,还要考虑缩微制图的要求。

4.2.2 常用的简化画法

现介绍以下 9 种简化画法。

(1) 机件的肋、轮辐及薄壁等结构,如按纵向剖切,这些结构都不画剖面符号,而用粗实线将它们与其邻接部分分开,如图 7.13 所示。

(2) 回转体机件上均匀分布的肋、轮辐、孔等结构不处于剖切平面上时,可将这些结构旋转到剖切平面上画出一个,其余只画出中心线,如图 7.41 所示。

(3) 对称图形可画出 1/2 或 1/4 的结构,此时必须在对称中心线的端部画出两条与其垂直的平行细实线以示对称,如图 7.7 及图 7.42(a)所示;也允许以波浪线为界,只画出略大于一半的图形,如图 7.42(b)所示。

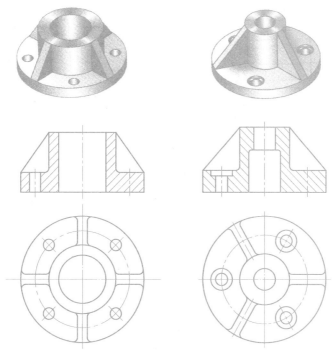

图 7.41　机件上肋、孔等结构的简化画法

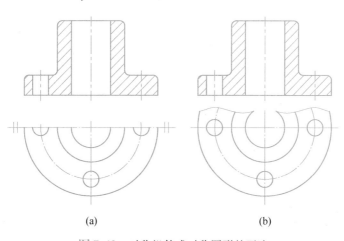

(a)　　　　　　　　　　　　(b)

图 7.42　对称机件或对称图形的画法

（4）圆柱形法兰和类似零件上的孔均匀分布时，允许如图 7.43 所示的方法表示。

（5）相同结构的简化：当机件上具有若干直径相同且成规律分布的孔（圆孔、螺孔、沉孔等），可以仅画出一个或几个，其余只需用点画线表示其中心位置，并在图中注明孔的总数，如图 7.44 所示；当机件上具有多个相同结构（齿、槽等），并按一定规律分布时，应尽可能减少相同结构要素的重复绘制，只需画出几个完整的结构，其余用细实线连接，并在图中注明该结构的总数，如图 7.45 所示。

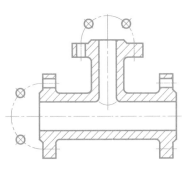

图 7.43　圆柱法兰孔的简化画法

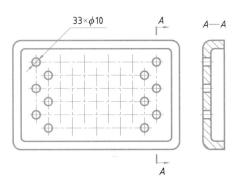

图 7.44　相同孔的简化画法

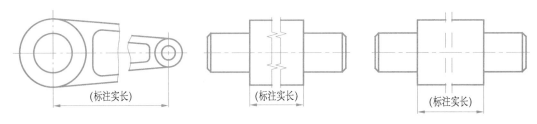

图 7.45　相同结构的简化画法

（6）较长机件的简化：当较长机件沿长度方向的形状一致或按一定规律变化时，例如，轴、杆、型材、连杆等，可以断开后缩短绘制，但尺寸仍按机件的设计要求标注，其断裂边界用波浪线或双折线或细双点画线绘制，如图 7.46 所示。

图 7.46　较长机件的断开画法

（7）当图形不能充分表达平面时，可用平面符号（两条相交的细实线）表示，如图 7.47 所示。

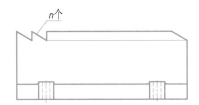

图 7.47　平面符号

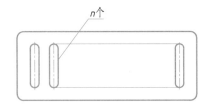

图 7.48　小圆角、小倒角的简化

（8）机件上较小结构式倒角，可以省略，但必须标出，如图 7.48 所示。

（9）机件中与投影面倾斜角度小于等于 30°的圆或圆弧，其投影可以用圆或圆弧来代替，如图 7.49 所示。

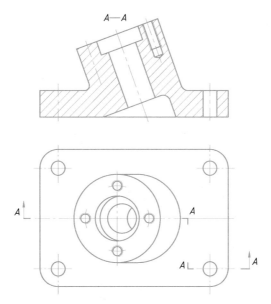

图 7.49　与投影面倾斜角度小于等于 30°的圆、圆弧

5. 机件表达方法综合运用举例

5.1　机件各种表达方法小结

本章介绍了视图、剖视图、断面图的画法、标注方法及应用范围,现将其简要归纳于表 7.2 中,供学习时参考。

表 7.2　机件常用的表达方法

分类		用途	标 注 方 法
视图—表达机件的外形	基本视图	表达机件的外形	符合基本配置关系时不标注
	向视图	表达机件外形	标准箭头及字母"×",视图名称"×"
	局部视图	表达局部结构的外形	
	斜视图	表达倾斜结构的外形	
剖视—表达机件的内形	全剖视图	表达机件整体内形	一般应标注剖切符号、箭头及字母"×"、剖视图名称"×—×" 特殊情况可以不标注
	半剖视图	表达具有对称面的机件的内形和外形	同全剖视图
	局部剖视图	表达机件的局部内形,保留局部外形	只用一个剖切平面且剖切位置明显时,可以不标注

续　表

分类		用途	标注方法
单一平面剖切	用平行面剖切	适用于画全剖视图、半剖视图和局部剖视图	
	斜剖	表达倾斜结构的内形	同全剖视图
多个平面剖切	旋转剖	表达具有回转轴线的机件的内形	同全部视图,同时,在剖切平面转折处也要标注剖切符号及字母
	阶梯剖	表达不在同一个投影面平行面上的孔、槽等结构的内形	同旋转剖
	复合剖	综合旋转剖、阶梯剖的作用,表达复杂的内形	一般情况与旋转剖相同,但采用展开画法时,剖视图应标注"×—×"展开
断面—表达局部结构的内形或断面形状	移出断面	表达断面形状或断面上局部结构的内形	一般应按全剖视图标注 对称断面画在剖切位置延长线上或视图中断处时不标注,其他位置上可省略箭头 不对称断面画在剖切位置延长线上时可以省略字母;按投影关系配置时可省略箭头
	重合断面	主要用于表达断面形状	对称断面不标注;不对称断面可省略字母

5.2　选择表达方法基本原则

实际绘图时,应根据机件的具体结构,综合运用视图、剖视图、断面图等各种表达方法。同一个机件往往可以选用几种不同的表达方案,而最佳的表达方案应是:用最少数量的图形且便于标注尺寸,并将机件的形状结构完整、清晰而又简炼地全部表达出来,这就是选择表达方法的基本原则。

5.3　综合运用举例

例 7.1　选择图 7.50(a)所示支架的表示方法。

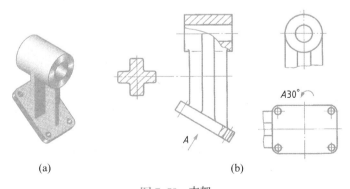

(a)　　　　　　　　　　　　　　(b)

图 7.50　支架

　　零件形状分析　如图 7.50(a)所示,该支架由 3 部分构成:上部是圆筒,下部是矩形底板,中间部分通过十字肋板连接圆筒与底板。

　　主视图的选择　如图 7.50(b)所示,为了表达支架的内外形状,主视图采用局部剖视,这样既表示了水平圆柱、十字肋板和倾斜底板的外部形状与相对位置,又表示了水平圆柱上的通孔和底板上小孔的内部形状。

　　其他视图的确定　为了表示水平圆柱和十字肋板的连接关系,采用了一个局部视图(配置在左视图的位置上);为了表示倾斜底板的实形和 4 个小孔的分布情况,采用了 A 向斜视图;为了表示十字肋板的断面形状,采用移出断面。这样,支架用了 4 个图形,就完整、清晰地表达了结构形状。

　　例 7.2　如图 7.51 所示壳体的 4 种表达方案分析。

　　零件形状分析　图 7.51 所示零件的结构,上部是主体,为圆筒,其顶部封闭形成垂直空腔,圆筒前有一带法兰盘的接管嘴,其内孔与主体圆筒内孔相通,盘上有两个通孔;中下部为圆筒形过渡段;底部为带圆角的正方形底板,其上有 4 个通孔。

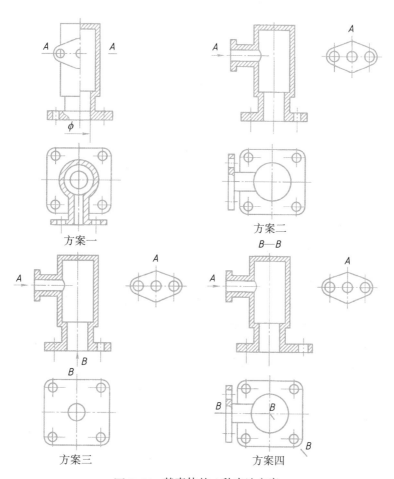

图 7.51　某壳体的 4 种表达方案

主视图的选择 主视图采用了两种方案：方案一是采用半剖视图以表达零件的内、外形状；另一种方案是采用全剖视图，着重表达内部结构形状。

其他视图的确定

第一个方案：主视图采用半剖后，为了表达底板形状、上部接管嘴法兰盘形状和主体圆筒连通形状，用 A—A 全剖的俯视图。主视图采用了局部剖视图，以表达底板上的 4 个通孔。此方案利用了半剖的特点，仅用两个基本视图就把零件表达清楚了。

第二个方案：主视图采用全剖后，在其上又加了两个重合局部剖，以表达底板上的孔；俯视图采用局部剖视图，既表达了主体和底板的外形，又表达出上部法兰盘上的两个通孔；法兰盘外形采用了 A 向局部视图表示。此方案虽然用了 3 个视图，但各个视图表示的重点明确、突出。

第三个方案：主视图和方案二完全一样，也采用了 A 向视图表达法兰盘形状。而用 B 向视图表达底板形状。此方案虽然用了 3 个视图，但基本视图只有一个，其余两个为局部视图。

第四个方案：主视图采用旋转全剖视图，可将内部结构多剖切一些。法兰盘仍采用 A 向视图。俯视图同方案二的表达方法。

6. *第三角画法简介

《技术制图　投影法》(GB/T 14692—2008)规定：技术图样应采用正投影法绘制，并优先采用第一角画法。世界上多数国家(如中国、英国、法国、德国、俄罗斯等)都采用第一角画法，但是，美国、日本、加拿大、澳大利亚等则采用第三角画法。为了便于日益增多的国际间技术交流和协作，我国在 1993 年就曾规定：必要时(如按合同规定等)允许使用第三角画法。所以，应该对第三角画法有所了解。

6.1 第三角画法与第一角画法的区别

图 7.52 所示，3 个互相垂直相交的投影面，将空间分为 8 个部分，每部分为一个分角，依次为Ⅰ～Ⅷ分角。

将机件放在第一分角内(H 面之上、V 面之前、W 面之左)而得到的多面正投影为第一角画法；将机件放在第三分角内(H 面之下、V 面之后、W 面之左)而得到的多面正投影为第三角画法。如图 7.53 所示，第一角画法是将机件置于观察者与投影面之间进行投射；第三角画法是将投影面置于观察者与机件之间进行投射(把投影面看作透明的)。

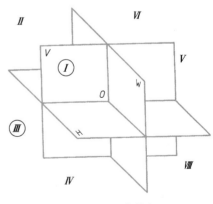

图 7.52　8 个分角

第三角画法中，在 V 面上形成自前方投射所得的主视图，在 H 面上形成自上方投射所得的俯视图，在 W 面上形成自右方投射所得的右视图，如图 7.53(b)所示。令 V 面保持正立位置不动，将 H 面、W 面分别绕它们与 V 面的交线向上、向右旋转 90°，与 V 面展成一个平面，得到机件的三视图。与第一角画法类似，采用第三角画法的三视图也有下述特性，即多面正投影的投影规律：主、俯视图长对正；主、右视图高平齐；俯、右视图宽相等，前后对应。

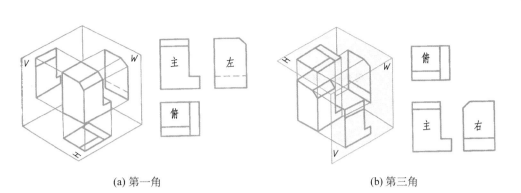

(a) 第一角　　　　　　　　　　　　　　　　(b) 第三角

图 7.53　第一角画法与第三角画法的位置关系对比

与第一角画法一样,第三角画法也有 6 个基本视图。将机件向正六面体的 6 个平面(基本投影面)投射,然后按图 7.54 所示的方法展开,即得 6 个基本视图,它们相应的配置如图 7.55(a)所示。

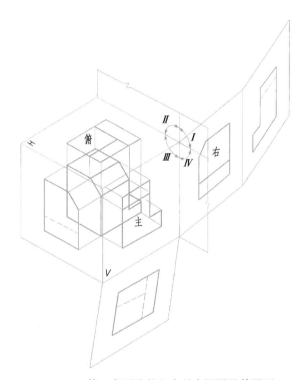

图 7.54　第三角画法的六个基本视图及其展开

第三角画法与第一角画法在各自的投影面体系中,观察者、机件、投影面 3 者之间的相对位置不同,决定了它们的 6 个基本视图的配置关系的不同。从图 7.55 所示两种画法的对比中,可很清楚地看到:

(1) 第三角画法的俯视图和仰视图与第一角画法的俯视图和仰视图的位置对换;

(2) 第三角画法的左视图和右视图与第一角画法的左视图和右视图的位置对换;

(3) 第三角画法的主、后视图与第一角画法的主、后视图一致。

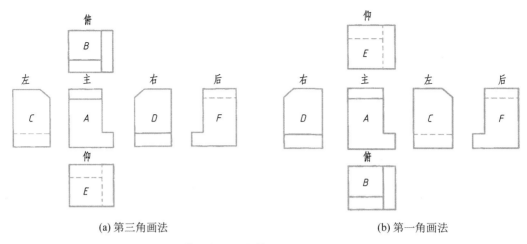

(a) 第三角画法 (b) 第一角画法

图 7.55 第三角画法与第一角画法的六面视图对比

6.2 第三角画法与第一角画法的识别符号

为了识别第三角画法与第一角画法,规定了相应的识别符号,如图 7.56 所示。该符号一般标在所画图纸标题栏的上方或左方。

采用第三角画法时,必须在图样中画出第三角投影的识别符号;采用第一角画法时,在图样中一般不必画出第一角画法的识别符号,但在必要时也需画出。

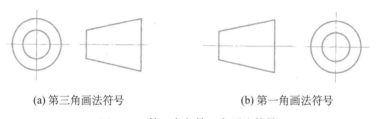

(a) 第三角画法符号 (b) 第一角画法符号

图 7.56 第三角与第一角画法符号

6.3 第三角画法的特点

6.3.1 便于读图

如前所述,第一角画法是将机件置于观察者与投影面之间进行投射,初学者容易理解和掌握基本视图的投影规律。第三角画法是将投影面置于观察者与机件之间进行投射,即观察者先看到投影图,再看到机件,在六面视图中,除后视图外,其他视图都配置在相邻视图的近侧,方便识读。这一特点对于识读较长的轴、杆类零件图时尤为突出。如图 7.57 所示,主视图左

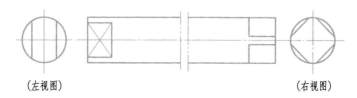

(左视图) (右视图)

图 7.57 第三角画法的特点(一)

端的形状配置在主视图的左方,其右视图是将主视图右端的形状配置在主视图的右方。与第一角画法比较,显然用第三角画法的近侧配置更方便画图与读图。

6.3.2 便于表达

利用第三角画法近侧配置的特点,表达机件上的局部结构比较清楚简明。如图 7.58 所示,只要将局部视图或斜视图配置在适当位置,一般不再需要标注。

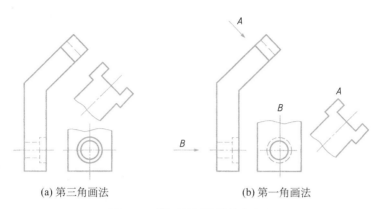

(a) 第三角画法   (b) 第一角画法

图 7.58 第三角画法的特点(二)

6.3.3 剖面图画法的特点

在第三角画法中,剖视图和断面图统称为剖面图,分为全剖面图、半剖面图、破裂剖面图、旋转剖面图和阶梯剖面图。如图 7.59 所示,主视图采用阶梯全剖面,左视图取半剖面。在主视图中,左面的肋板也不画剖面线。肋的移出断面在第三角画法中称为移出旋转剖面。剖面的标注与第一角画法也不同,剖切线用双点画线表示,并以箭头指明投射方向。剖面的名称写在剖面图的下方。

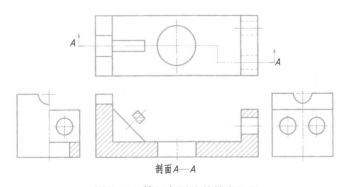

剖面 A—A

图 7.59 第三角画法的特点(三)

练   习

1. 什么是剖视图？ 作剖视图时应注意哪些问题？
2. 剖视图按机件被剖切范围的大小来分有哪几种？ 剖切机件的剖切方法又有哪几种？
3. 什么是断面图？ 断面图和剖视图有什么区别？ 断面图可分为哪几种？

4. 根据图 7.60 所示立体图作出 6 个基本视图。

5. 将图 7.61 所示主视图改画成全剖视图。

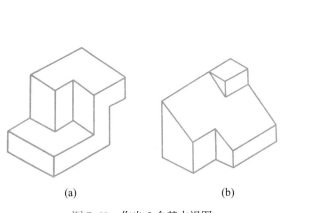

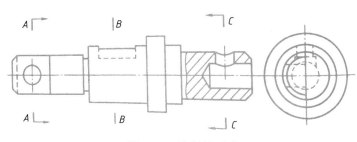

图 7.60　作出 6 个基本视图　　　　　　　图 7.61　主视图改画成全剖视图

6. 将图 7.62 所示主视图改画成半剖视图。

7. 在图 7.63 中指定位置作 A—A、B—B、C—C 等 3 个断面图。

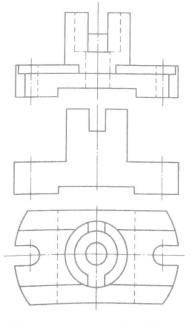

图 7.62　主视图改画成半剖视图　　　　　图 7.63　绘制断面图

8. 根据图 7.64 所示形体的结构特点，选择适当的表达方法，并标注尺寸。

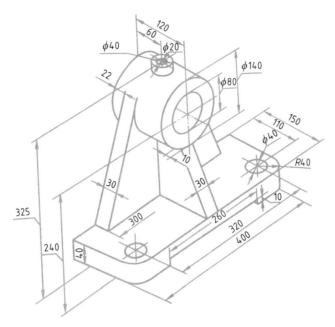

图 7.64　绘制视图并标注

第 **8** 章

零 件 图

💡 **学习目标** 了解零件图的内容；熟悉典型零件的表达方法、尺寸标注、技术要求和工艺结构；初步掌握零件测绘的方法及步骤；能识读和绘制中等复杂程度的零件图。

1. 零件图概述

零件是组成机器或部件的基本单元，任何机器和部件都是由若干个零件按一定的装配关系装配而成的。零件图是表达零件的结构形状、尺寸大小及技术要求的图样。

1.1 零件的分类

根据零件在机器或部件上的作用，一般将零件分为 3 种，了解 3 种零件在表达中的要求。

（1）一般零件　根据形状与结构特点，一般零件可分为轴套类、盘盖类、叉架类、箱体类等。一般零件要出零件图。

（2）传动零件　这类零件一般起到传递动力的作用，如齿轮、蜗轮、蜗杆等。零件结构中起传动作用的结构要素大多已标准化，并有规定画法，要求掌握这些标准结构的画法。这类零件一般也要求出具零件图。

（3）标准件　标准件的结构、规格尺寸都已经标准化，在工程中不需要出具零件图，只要在装配图中标注其规格标记，就能在相关标准中查到结构及全部尺寸，主要包括螺纹紧固件、滚动轴承、螺塞等，起到连接、支撑、油封等作用。

1.2 零件图的作用

零件图是零件制造过程中，加工制造和测量检验零件质量的主要依据。从零件的毛坯制造、机械加工工艺路线的制定、毛坯图和工序图的绘制、工夹具和量具的设计到加工检验和技术革新等，都要根据零件图来进行。零件图是设计部门提供给生产部门的重要技术文件之一。

1.3 零件图的内容

图 8.1 所示为轴承座零件图。一张完整的零件图包括以下 4 个方面内容。

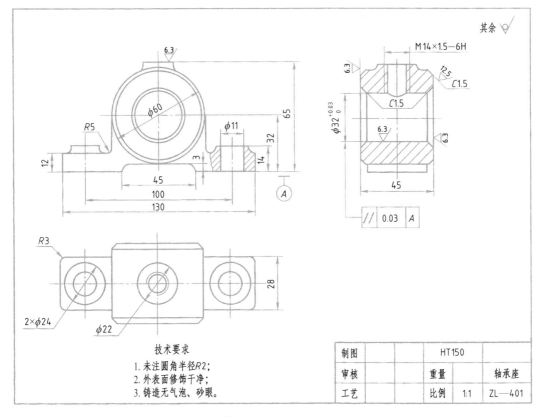

图 8.1 轴承座零件图

（1）一组视图 用视图,包括剖视图、断面图、局部放大图、简化画法等,正确、完整、清晰、简便地表达出零件内、外结构形状。

（2）全部尺寸 能正确、完整、清晰、合理地标注出制造和检验零件所必需的全部尺寸。

（3）技术要求 用规定的代号、数字、字母和文字标注或说明零件在制造和检验中应达到的要求,如表面结构、几何公差、热处理、表面处理等。

（4）标题栏 在零件图右下角,填写出零件名称、材料、数量、比例、图号及设计、审核人的签名和日期等内容。

2. 零件表达方案的选择

零件图要求把零件的内、外结构形状正确、完整、清晰地表达出来。要满足这些要求,首先要分析零件的结构形状特点,并尽可能了解零件在机器或部件中的位置、作用和加工方法,然后灵活地选择视图、剖视图、断面图等表示法。解决表达零件结构形状的关键是恰当地选择主视图和其他视图,确定比较合理的表达方案。

2.1 零件的视图选择

零件图的视图选择就是要求选用适当的视图、剖视、断面等表达方法,将零件内、外各部分的结构形状和相互位置完整、清晰地表达出来，且有利于绘制和阅读。

2.1.1　主视图的选择

主视图是一组视图的核心，应首先选择。一般应按以下两方面综合考虑。

1. 零件的安放状态

主视图安放位置选择原则是尽可能符合零件的主要加工位置或工作位置。零件图的主视图应尽可能与零件在机械加工时所处的位置一致，如加工轴、套、轮、圆盘等零件，大部分工序是在车床或磨床上进行的，因此这类零件的主视图应将其轴线水平放置（加工量大的在右端），以便于加工时看图。有些零件形状比较复杂，如箱体、叉架等加工状态各不相同，需要在不同的机床上加工，其主视图宜尽可能选择零件的工作状态（在部件中工作时所处的位置）绘制。如图 8.1 所示，轴承座的主视图就是按工作位置绘制的。

2. 确定主视图的投射方向

主视图投影方向的选择原则是能最明显地反映零件的形体和结构特征，以及各形体之间相互关系，以使主视图能清楚地反映出零件的主要形状和结构。如图 8.2 所示的轴承盖，选择 A 向作为主视图的投射方向显然比 B 向更清楚地表达轴承盖的形体特征。

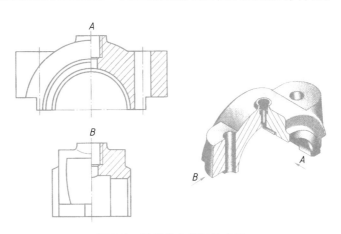

图 8.2　轴承盖主视图的选择

2.1.2　其他视图的选择

对于主视图中尚未表达清楚之处，应适当选用一定数量的其他视图加以补充表达，使各视图均有表达重点，且不重复。总之，在满足正确、完整、清晰地表达零件的前提下，应尽量减少图形数量，以便于绘制和阅读。

2.2　不同类型零件的零件图表达特点

根据一般零件的分类，掌握轴套类、盘盖类、叉架类、箱体类等零件的表达特点，能按要求表达各类零件。

（1）轴套类零件　轴套类零件包括轴、衬套、螺杆等，一般由若干段共轴线、不等径的回转体构成，其上常有孔、螺纹、键槽、退刀槽等结构。这类零件一般采用一个基本视图表达，并适当采用断面图、局部放大图等对零件上局部结构做补充。主视图一般将零件轴线按加工位置水平放置，如图 8.3 所示。

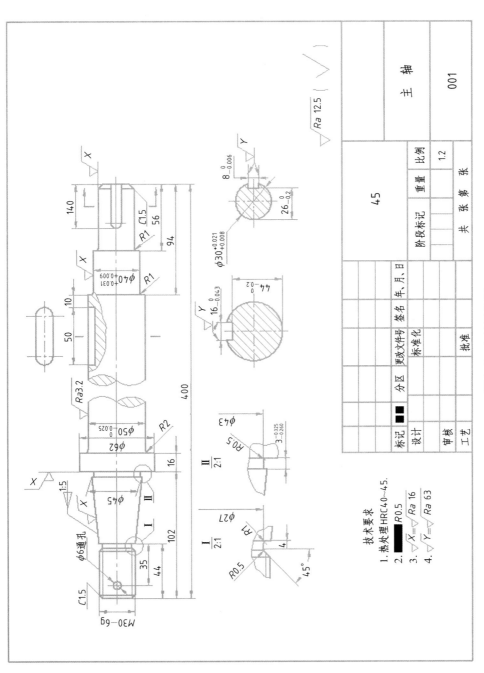

图 8.3 主轴零件图

（2）盘盖类零件　盘盖类零件包括端盖、阀盖、齿轮等,其主体部分一般由回转体构成,外形呈扁平状,其上常有凸台、凹坑、通孔、螺孔、键槽、轮辐等结构。这类零件一般采用两个基本视图表达。以车床为主加工的盘盖类零件,主视图上将零件轴线按加工位置水平放置,且常画成剖视图,以表达其内部结构;而非车床为主加工的盘盖类零件,主视图往往按其工作位置画出。主视图选定后,常选用一个左视图、右视图或俯视图来表达零件的外形和各部分结构分布。如有必要,可再用局部剖视、断面图加以补充表达,如图 8.4 所示。

*（3）叉架类零件　叉架类零件包括拨叉、连杆、支座等,其形状与结构一般比较复杂且不规则,其上常有肋、板、杆、筒、座、凸台、凹坑等结构。这类零件一般采用两个或两个以上基本视图表达。由于其结构较复杂,且加工工序较多,所以主视图常按其工作位置和结构特征画出。除基本视图外,一般还应根据需要采用适当的局部视图、斜视图、断面图、局部剖视图等,以补充表达零件的局部结构,如图 8.5 所示。

*（4）箱体类零件　箱体类零件包括阀体、泵体、底座等,是机器或部件的主体零件,主要用于包容、支承其他零件,其上常有各种用途的孔、螺孔、凸台、凹坑、肋等结构。这类零件常采用 3 个或 3 个以上基本视图表达。由于其加工工序较多,且装夹位置多变,所以主视图按其工作位置和结构特征画出。除基本视图外,还应根据需要适当采用剖视、断面图、局部视图、斜视图等,以补充表达零件的内、外结构形状,如图 8.6 所示。

3. 零件的工艺结构

零件的结构和形状,除了应满足使用上的要求外,还应满足制造工艺的要求,即应具有合理的工艺结构,见表 8.1。

4. 零件图中的尺寸标注

零件图上的尺寸标注是零件图的主要内容之一,是零件制造过程中加工和检验的重要依据。

4.1　尺寸标注的基本要求

零件图中的尺寸标注应符合下列 4 个要求。

（1）完整　尺寸标注必须做到尺寸数量完全(不重复、不遗漏)。

（2）正确　尺寸标注必须符合《技术制图与机械制图》国家标准中的规定,做到标注规范、正确。

（3）清晰　尺寸标注必须排列整齐、注写清晰和方便看图。

（4）合理　标注尺寸必须做到尺寸基准选择合理。标注的定形尺寸、定位尺寸既能保证设计要求,又能便于加工和测量。

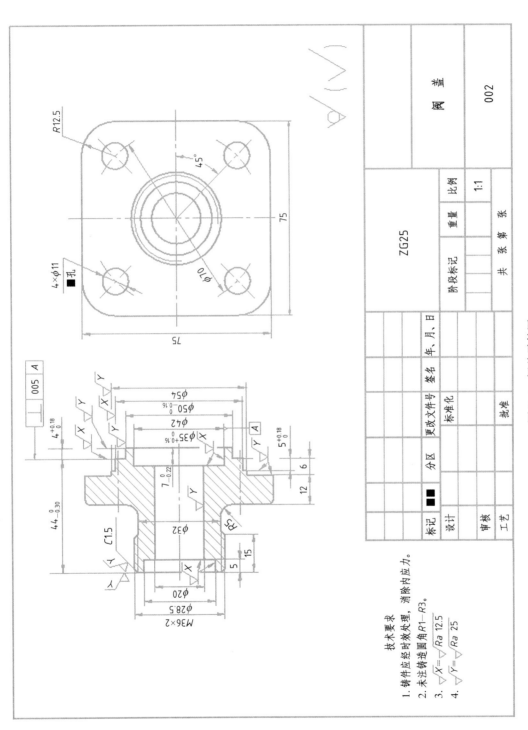

图 8.4 阀盖零件图

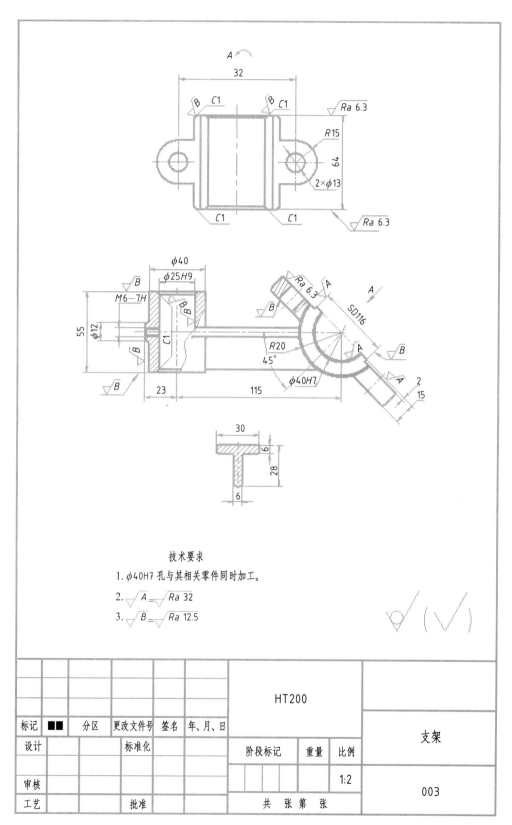

技术要求

1. φ40H7孔与其相关零件同时加工。

2. $\sqrt{A} = \sqrt{Ra\ 32}$

3. $\sqrt{B} = \sqrt{Ra\ 12.5}$

标记	■■	分区	更改文件号	签名	年、月、日		HT200			支架
设计			标准化				阶段标记	重量	比例	
审核									1:2	003
工艺			批准				共 张 第 张			

图 8.5 支架零件图

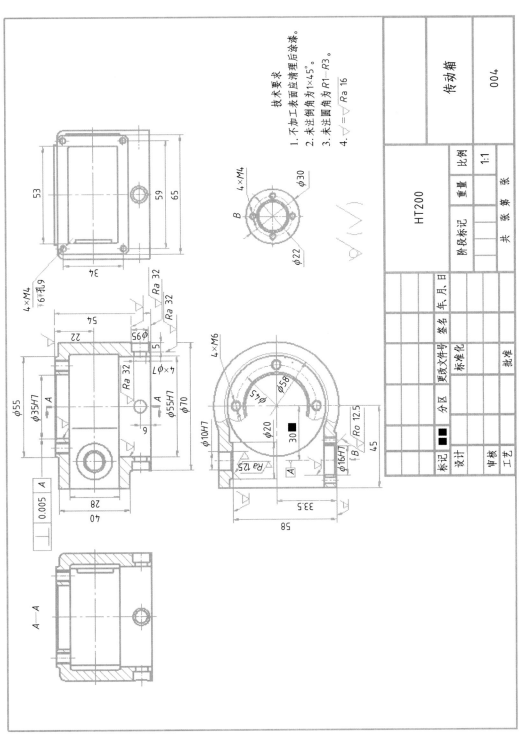

图 8.6 传动箱零件图

表 8.1　零件结构的工艺性

内容	图　　例	说　　明
倒角和倒圆		为了便于装配和去除锐边及毛刺,在轴和孔的端部,应加工成倒角。在轴肩处为了避免应力集中而产生裂纹,一般应加工成圆角
退刀槽及砂轮越程槽		为了退出刀具或使砂轮可以越过加工面,常在待加工面的末端加工出退刀槽或砂轮越程槽
铸件壁厚均匀	壁厚不均匀　　壁厚均匀	壁厚不均匀会引起铸件缩孔
铸造圆角及铸造斜度		铸造表面转角处要做成小圆角,否则容易产生裂纹。为了起模方便,在沿着起模方向,铸件表面做成一定的斜度,但零件图上可以不必画出
凸台和凹坑		为了减少机械加工量,节约材料和减少刀具的消耗,加工表面与非加工表面要分开,做成凸台或凹坑
钻孔处的合理结构		钻孔时,钻头应尽量垂直被加工表面,否则钻头受力不均会产生折断或打滑

4.2 尺寸标注的方法及步骤

4.2.1 正确选择尺寸基准

要使尺寸标注符合上述要求,首先应根据零件的功能、形状结构确定合理的尺寸基准。零件图中通常选用与其他零件相接触的表面(装配时的配合面、安装基面)、零件的对称平面、回转体的轴线和点等几何元素作为尺寸基准。

每个零件一般均有长、宽、高3个方向的尺寸,每个方向至少有一个尺寸基准。有时根据零件的功能、加工和测量的需要,在同一方向要增加一些尺寸基准,但同一方向只有一个是主要基准,其他都是辅助基准,如图8.7所示。

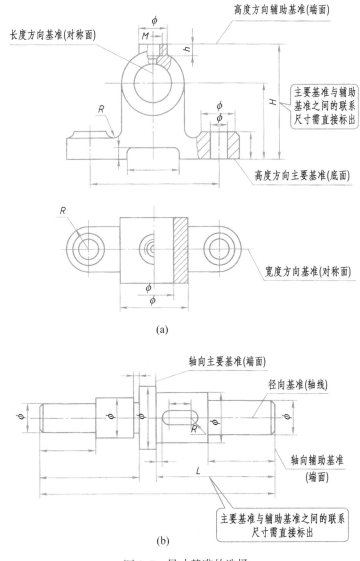

(a)

(b)

图8.7 尺寸基准的选择

4.2.2　定形尺寸和定位尺寸的标注

定形尺寸的标注主要依据形体分析法,按每个几何形体的长、宽、高作尺寸标注。定位尺寸的标注是在分析确定尺寸基准的基础上,由尺寸基准出发,注出零件上各部分形体的相对位置尺寸。定位尺寸的标注形式一般有以下 3 种。

(1) 坐标式　如图 8.8 所示,所有尺寸均从同一基准处标起,O_1、O_2、O_3 孔的中心位置分别由尺寸 A、B、C 来决定,不受其他尺寸产生的误差影响。

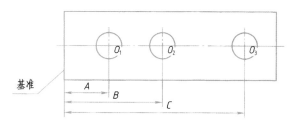

图 8.8　用坐标式标注孔的定位尺寸

(2) 链状式　如图 8.9 所示,O_1、O_2、O_3 孔的中心位置分别用尺寸 A、B、C 依次标出,后一个尺寸分别以前一个尺寸为基准,因此 O_2 孔的中心位置将受到 A、B 加工误差的影响;而 O_3 孔中心位置将受到 A、B、C 加工误差的综合影响。这种标注形式对每一道工序的加工精度要求较高,同时给测量带来不便。

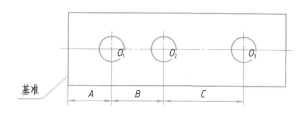

图 8.9　用链状式标注孔的定位尺寸

(3) 综合式　如图 8.10 所示,综合式标注形式是坐标式和链状式的综合。O_1 孔位置仅受 A 和 B 加工误差影响;O_3 孔位置仅受 A 和 C 加工误差影响,这种形式在尺寸标注中应用较为广泛。

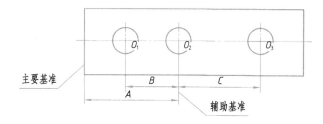

图 8.10　用综合式标注孔的定位尺寸

4.2.3　检查

逐个检查每一形体结构的定形、定位尺寸数量是否完全,布置是否合理,并作必要的修改和调整,并且不允许出现封闭尺寸链。

4.3 零件上常见结构的尺寸注法

零件的形状结构,主要是根据其使用功能设计的,但有些形状结构则是出于加工测量等方面的考虑。零件图上常见的典型结构,如各种孔、键槽、锥轴与锥孔、铸造圆角、起模斜度、退刀槽、越程槽、倒角、圆角等结构,其尺寸标注方法见表 8.2 和表 8.3。

表 8.2　常见结构要素的尺寸注法

零件结构类型		标 注 方 法	说 明
光孔	一般孔	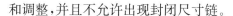	$4 \times \phi 5$ 表示直径为 5 mm 有规律分布的四个光孔 孔深可与孔径连注,也可分开注出
光孔	精加工孔		光孔深为 12 mm,钻孔后需精加工至 $\phi 5^{+0.012}_{0}$ mm,深度为 10 mm
光孔	锥销孔		$\phi 5$ mm 为与锥销孔相配的圆锥销小端直径。锥销孔通常是相邻两零件装配后一起加工的
沉孔	锥形沉孔		$6 \times \phi 7$ 表示直径为 7 mm 有规律分布的 6 个孔。锥形沉孔的尺寸可以旁注;也可直接注出 符号 ⌵ 表示锥形沉孔
沉孔	柱形沉孔		$4 \times \phi 6$ 的意义同上。柱形沉孔的直径为 10 mm,深度为 3.5 mm,均需注出 符号 ⊔ 表示柱形沉孔或锪平

续　表

零件结构类型		标 注 方 法	说　明
	锪平面	4×φ7 ⊔φ16　　4×φ7 ⊔φ16　　φ16锪平　　4×φ7	锪平面 φ16 的深度不需标注,一般锪平到不出现毛面为止
螺孔	通孔	3×M6−6H　　3×M6−6H　　3×M6−6H	3×M6 表示直径为 6 mm,有规律分布的 3 个螺孔可以旁注;也可直接注出
	不通孔	3×M6−6H ▽10孔▽12　　3×M6−6H ▽10孔▽12　　3×M6−6H　10　12	需要注出孔深时,应明确标注孔深尺寸
		3×M6−6H▽10　　3×M6−6H▽10　　3×M6−6H　10	螺孔深度可与螺孔直径连注;也可分开注出。符号 ▽ 表示深度
平键键槽		L　A　A−A D−t　b　A	标注 $d-t_1$,便于测量(d 为轴的直径,t_1 为键槽深度)
锥轴、锥孔		D d L　　d D L	当锥度要求不高时,这样标注便于制造木模

续 表

零件结构类型	标注方法	说 明
		当锥度要求准确并为保证一端直径尺寸时的标注形式

表8.3 常见工艺结构的尺寸标注

类型		一般注法
倒角	45°倒角	
	30°倒角	
	60°倒角	
退刀槽		

类型	一 般 注 法
越程槽	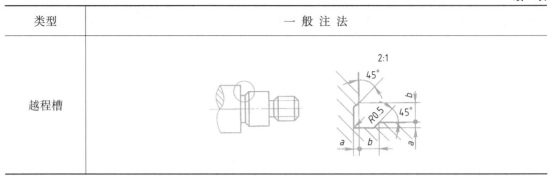

4.4　尺寸标注的注意事项

(1) 重要尺寸一定要从基准处单独直接标出。零件的重要尺寸一般是指有配合要求的尺寸,影响零件在整个机器中工作精度和性能的尺寸,决定零件装配位置的尺寸。如图 8.11(a) 所示,轴孔的轴线到底面的高度 A 和安装孔的中心距 B 都是重要尺寸,需直接标出。若像图 8.11(b)那样标注,重要尺寸 A、B 需要用相关尺寸(D、C、E、L)间接计算获得,会造成差错或误差的累积,使重要尺寸不易保证。

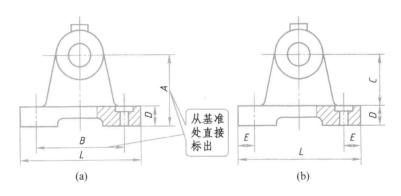

图 8.11　重要尺寸要直接标出

(2) 当同一方向出现多个基准时,为突出主要基准,明确辅助基准,保证尺寸标注不脱节,必须在主要基准与辅助基准之间直接标出联系尺寸。如图 8.7(a、b)中所注的尺寸 H、L,即为直接标出的联系尺寸。

(3) 尺寸不要注成封闭的尺寸链。所谓封闭尺寸链就是按一定顺序首尾相连成一整圈的封闭式尺寸。如图 8.12(a)所示,阶梯轴的尺寸标注即构成了封闭尺寸链。图 8.12(b)所示即为反映尺寸 A_1、A_2、A_3、A_4 和 A_0 5 者关系的尺寸链图,它由一个封闭环和若干组成环排列构成封闭形式。其中能人为地控制或直接获得的尺寸称为组成环,如图中 A_1、A_2、A_3、A_4,被间接控制的或当其他尺寸出现后自然形成的尺寸称为封闭环,如图中的 A_0。由于尺寸链具有封闭特征,每个组成环的增大或减小都会使封闭环发生变化。因此,图 8.12(a)中的尺寸 A_0 将受到其他几个尺寸的累计误差的影响,很难保证其加工精度。根据零件在装配时的功能和要求,应选一个尺寸精度要求不高的链环不标注尺寸,称为开口环,如图 8.12(c)所示。这样

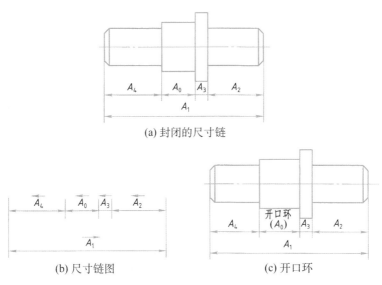

(a) 封闭的尺寸链

(b) 尺寸链图   (c) 开口环

图 8.12 尺寸链

既保证了其他组成环尺寸的加工精度,又不影响设计和工艺上的整体要求。

(4) 标注尺寸要便于加工和测量。如图 8.13 所示,零件左上角的圆弧部分要用直径为 ϕ60 mm 的圆盘铣刀加工,就不能标注半径的尺寸。

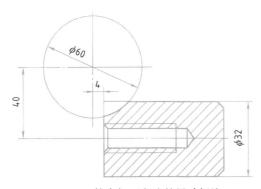

图 8.13 符合加工方法的尺寸标注

另外,按设计基准的要求应标出图 8.14(a)所示图例中的中心到加工面的尺寸,但实际操作时都不易测量。为此应考虑到加工测量的方便,采用如图 8.14(b)所示的尺寸标注方法就比较恰当。

(5) 铸件和锻件注重形体分析。铸件和锻件主要按形体分析法标注尺寸,这样可满足制造毛坯时所需要的尺寸,如图 8.15 所示的铸件阀盖。

(6) 合理标注毛坯面尺寸。毛坯面和机械加工面之间的尺寸标注应把毛坯面尺寸单独标注,并且只使其中一个毛坯面和机械加工面联系起来。如图 8.16(a)所示,其加工面通过尺寸 A 仅与一个不加工面发生联系,其他尺寸都标注在不加工面之前,这种注法是正确的。图 8.16(b)中,加工面与 3 个不加工面之间都注有尺寸,在切削该加工面时,要同时达到所标注的每个尺寸的要求,这是不可能的。

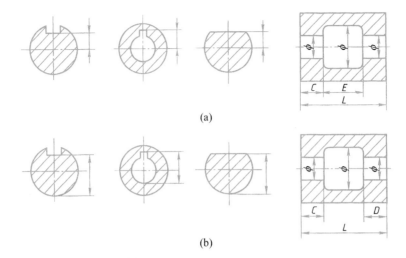

(a)

(b)

图 8.14　便于测量的尺寸标注

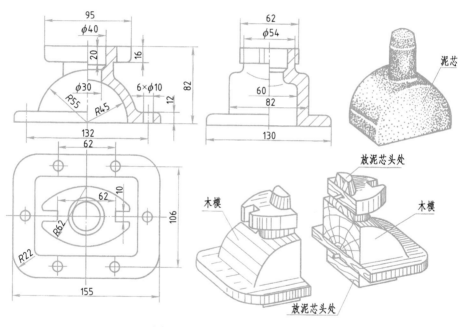

图 8.15　铸件阀盖的尺寸标注

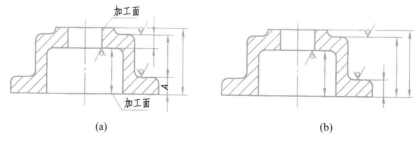

(a)　　　　　　　　　　　　　　　　(b)

图 8.16　毛坯面的尺寸标注

5. 零件图的技术要求

机械图样中技术要求主要是指零件几何精度方面的要求,如尺寸公差、形状和位置公差、表面粗糙度等。技术要求通常是用符号、代号或标记标注在图形上,或者用简明的文字注写在标题栏附近。

5.1 极限与配合

在实际生产过程中,由于存在各种加工误差,完工的零件不可能一丝不差地完全达到设计的尺寸。衡量完工尺寸对设计尺寸的符合程度,通常用加工精度来表达,加工精度越高意味着完工后的尺寸越接近设计尺寸;但并不是在任何情况下,加工精度越高越好,因为要考虑加工的经济性。通常的做法是将尺寸控制在一个范围内,只要完工后的尺寸不超过最大极限值和最小极限值即可。对尺寸精度的控制要求是零件图上一个重要的技术要求。

在一批相同的零件中的任一个零件,不经任何挑选都能够装配到机器中完成它的功能,这样的特性称为互换性。互换性可以提高生产的水平,也为我们的生活带来了极大的方便。当机器中某个零件坏了,换一个同样规格的就可以工作,而不必找原厂家的配件;这样的零件,可以由专门的生产厂家生产,由于生产批量大,可以降低成本,提高生产效率,同时还可以提高技术水平。

5.1.1 极限与配合的基本概念

(1) 公称尺寸 由图样规范确定的理想形状要素的尺寸。

(2) 极限尺寸 尺寸要素允许的尺寸的两个极端。尺寸要素允许的最大尺寸称为上极限尺寸;尺寸要素允许的最小尺寸称为下极限尺寸。

(3) 尺寸偏差 某一尺寸减其公称尺寸所得的代数差。极限尺寸减公称尺寸所得的代数差称为极限偏差;最大极限尺寸减公称尺寸所得的代数差称为上极限偏差;最小极限尺寸减公称尺寸所得的代数差称为下极限偏差。

孔的上极限偏差、下极限偏差代号分别为 ES、EI;轴的上极限偏差、下极限偏差代号分别为 es、ei。

(4) 尺寸公差 允许尺寸的变动量,等于上极限尺寸减下极限尺寸之差,也等于上极限偏差减下极限偏差。

(5) 公差带 由代表上极限偏差和下极限偏差或上极限尺寸和下极限尺寸的两条直线所限定的一个区域。它是由公差大小和其相对零钱的位置如基本偏差来确定,如图 8.17(b)所示。

公差带图中代表基本尺寸位置的线称为零线。画公差带图时,如果需要准确作图,可以采用一定的比例将上、下偏差的值折算后画出;一般情况下,只要根据上、下偏差数值的大小示意性画出就可以了。

从公差带图的示例中可以看出,公差带的位置可能跨在零线上,也可能全部在零线的上方或下方;公差带的宽度即代表公差的大小。

(6) 标准公差(IT) 在国家标准 GB/T 1800.1—2009 极限配合制中所规定的任一公差。标准公差一共分为 20 级,即规定了 20 种允许的尺寸变动量,代表了不同的加工精度,分别用

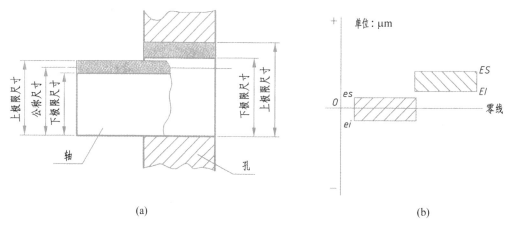

图 8.17　公差示意图与公差带图解

IT01、IT0、IT1、…、IT18 来表示,公差的大小依次增大,意味着加工的精度依次降低。对于同一等级,不同大小尺寸段的孔或轴所允许的尺寸变动量是不同的,但都被认为是具有同样的精确程度。标准公差数值见表 8.4。

表 8.4　标准公差数值

基本尺寸/mm		标准公差等级																		
		/μm												/mm						
大于	至	IT01	IT0	IT1	IT2	IT3	IT4	IT5	IT6	IT7	IT8	IT9	IT10	IT11	IT12	IT13	IT14	IT15	IT16	IT17	IT18
0	3	0.3	0.5	0.8	1.2	2	3	4	6	10	14	25	40	60	0.1	0.14	0.25	0.40	0.60	1.0	1.4
3	6	0.4	0.6	1	1.5	2.5	4	5	8	12	18	30	48	75	0.12	0.18	0.30	0.48	0.75	1.2	1.8
6	10	0.4	0.6	1	1.5	2.5	4	6	9	15	22	36	58	90	0.15	0.22	0.36	0.58	0.90	1.5	2.2
10	18	0.5	0.8	1.2	2	3	5	8	11	18	27	43	70	110	0.18	0.27	0.43	0.70	1.10	1.8	2.7
18	30	0.6	1	1.5	2.5	4	6	9	13	21	33	52	84	130	0.21	0.33	0.52	0.84	1.30	2.1	3.3
30	50	0.6	1	1.5	2.5	4	7	11	16	25	39	62	100	160	0.25	0.39	0.62	1.00	1.60	2.5	3.9
50	80	0.8	1.2	2	3	5	8	13	19	30	46	74	120	190	0.30	0.46	0.74	1.20	1.90	3.0	4.6
80	120	1	1.5	2.5	4	6	10	15	22	35	54	87	140	220	0.35	0.54	0.87	1.40	2.20	3.5	5.4
120	180	1.2	2	3.5	5	8	12	18	25	40	63	100	160	250	0.40	0.63	1.00	1.60	2.50	4.0	6.3
180	250	2	3	4.5	7	10	14	20	29	46	72	115	185	290	0.46	0.72	1.15	1.85	2.90	4.6	7.2
250	315	2.5	4	6	8	12	16	23	32	52	81	130	210	320	0.52	0.81	1.30	2.10	3.20	5.2	8.1
315	400	3	5	7	9	13	18	25	36	57	89	140	230	360	0.57	0.89	1.40	2.30	3.60	5.7	8.9
400	500	4	6	8	10	15	20	27	40	63	97	155	250	400	0.63	0.97	1.55	2.50	4.00	6.3	9.7

　　(7) 一般公差(GB/T 1804—2000)　一般公差又称未注公差,是指在车间通常加工条件下可保证的公差。这类公差不需要在图纸尺寸上标注。因此图纸上没有标注公差的尺寸并不意味着就是绝对精确的尺寸。一般公差的精度分为 4 级:f(精密级)、m(中等级)、c(粗糙级)、

v(最粗级),大约对应标准公差的 IT12～IT18,但并无完全的对应关系。

如果要在图纸标注一般公差,可以在图纸中的技术要求中统一说明,例如:"线性和角度尺寸的未注公差按 GB/T 1804—m"。

(8) 基本偏差　国家标准所定的,用以确定公差带相对零线位置的极限偏差称为基本偏差,可以是上极限偏差或下极限偏差,一般为靠近零线的那个偏差。

在国家标准中对孔和轴各规定了 28 种不同状态的基本偏差,每一种基本偏差用一个基本偏差代号表示。对孔用大写字母表示,从 A、B、…、ZC;对轴用小写字母表示,从 a、b、…、zc。它们形成一个系列,表示在图中,图 8.18 所示。

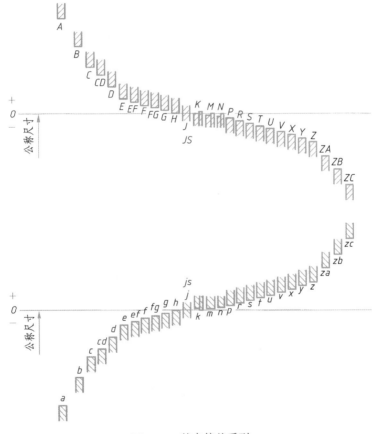

图 8.18　基本偏差系列

标准中规定了基本偏差系列和标准公差的等级,无数种公差带变化的可能性变成了有限的几种,设计的时候选择一种基本偏差,再配一种公差等级,就得到唯一的公差带。例如,尺寸是 ϕ 60 的孔,若取基本偏差为 F,标准公差为 IT8,则得到其下偏差为+0.003 0,其上偏差为+0.076 的公差带;公差带的代号可记为 F8。

(9) 配合　公称尺寸相同的,相互结合的孔与轴公差带之间的关系,表现为孔、轴结合的松紧程度。

(10) 间隙配合　具有间隙(包括间隙等于零的情况)的配合,即当孔处在最小极限尺寸,轴处在最大极限尺寸的时候,它们仍然有间隙,或间隙为零。此时,孔的公差带位于轴的公差带的上方,如图 8.19(a)所示。采用间隙配合的两个零件,可以做相对运动并容易拆卸。

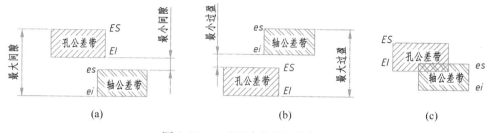

图 8.19　三种配合的公差带位置

（11）过盈配合　具有过盈的配合,包括最小过盈为零。当孔的尺寸处于最大极限尺寸,轴处在最小极限尺寸时,轴的尺寸依然比孔大,这种现象称为过盈。此时,孔的公差带位于轴的公差带的下方,如图 8.19(b)所示。采用过盈配合的两个零件,无法做相对运动并且拆卸困难,可以用在需牢固连接,保证相对静止或需传递动力的场合。

（12）过渡配合　可能具有间隙或过盈的配合。此时孔的公差带与轴的公差带互相交叠,如图 8.19(c)所示。过渡配合常用在零件间需要较高的对中要求,又不能相对运动,且拆卸还需容易的场合。

（13）配合制　同一极限制的孔和轴组成的一种配合制度。

（14）基孔制配合　基本偏差为一定的孔的公差带,与不同基本偏差的轴的公差带形成各种配合的一种制度。国家标准规定,此时孔的基本偏差选为 H,孔称为基准孔,如图 8.20 所示。

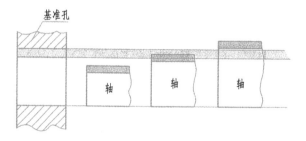

图 8.20　基孔制示意图

（15）基轴制配合　基本偏差为一定的轴的公差带,与不同基本偏差的孔的公差带形成各种配合的一种制度。国家标准规定,此时轴的基本偏差选为 h,轴称为基准轴,如图 8.21 所示。

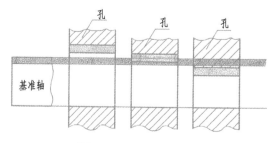

图 8.21　基轴制示意图

5.1.2　极限配合的标注方法

（1）极限偏差与基本尺寸同时出现时，极限偏差应写在基本尺寸的右边，字号比基本尺寸小一号；下偏差应与基本尺寸注在同一底线上，如图 8.22(a)所示。上下偏差的小数点必须对齐，小数点右边数字尾端的"0"一般不予注出，如果为了使上、下偏差值小数点右端的位数相同，可以用"0"补齐，如图 8.22(b)所示。当偏差值为零时，应与上或下偏差的个位数对齐，不带正负号，如图 8.22(c)所示。

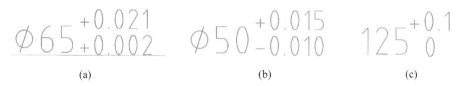

图 8.22　极限偏差数字写法

（2）极限偏差标注方法主要有 3 种形式，如图 8.23 所示。当公差带代号与极限偏差同时出现时，应在极限偏差外边加括号，如图 8.23(c)所示。

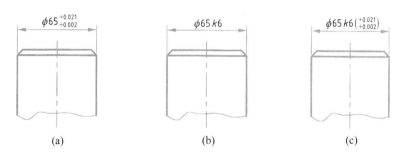

图 8.23　极限偏差标注方法一

（3）当上、下偏差数值的绝对值相等时，偏差数字只注写一次，并应在基本尺寸与偏差数字之间注出符号"±"，且两者数字高度相同，如图 8.24(a)所示。

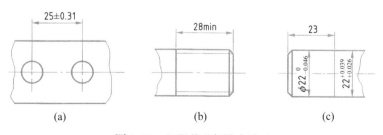

图 8.24　极限偏差标注方法二

（4）当尺寸仅需要限制单个方向的极限时，应在该极限尺寸的右边加注符号"max"或"min"，如图 8.24(b)所示。

（5）同一基本尺寸的表面，若有不同的公差时，应用细实线分开，并按图 8.24(c)所示形式标注公差。

（6）在装配图中标注配合代号时，必须在基本尺寸的右边以分数的形式注出，分子位置注孔公差带代号，分母位置注轴公差带代号，如图 8.25（a）所示。必要的时候，也可以按图 8.25（b、c）形式标注。

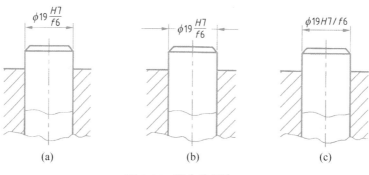

图 8.25　配合的标注一

（7）在装配图中标注相配零件的极限偏差时，一般按图 8.26（a）的形式标注，孔的极限偏差注在尺寸线的上方，轴的极限偏差注写在尺寸线的下方，也允许按图 8.26（b、c）的形式标注。

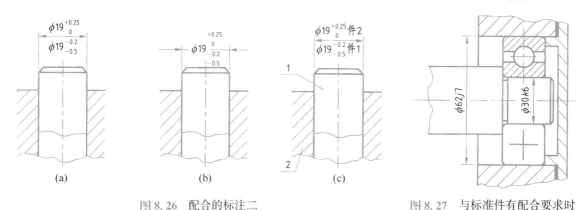

图 8.26　配合的标注二　　　　　　　图 8.27　与标准件有配合要求时的标注

（8）当与标准件配合的零件有配合要求时，可以仅注出该零件的公差带代号，如图 8.27 所示。

5.2　几何公差

几何公差是形状公差、方向公差和位置公差的统称。零件在加工过程中，不但尺寸会有误差，零件的形状及相对位置也会有误差，比如加工轴，轴的形状可能呈鼓形；阶梯轴的各段轴线也可能不重合，因此对零件这方面误差的控制也是零件加工设计、加工技术要求中的重要的一项。

5.2.1　有关术语简介

（1）要素　零件上具有几何特征的点、线、面。

（2）理想要素　具有几何学意义的要素。

（3）实际要素　零件上实际存在的要素。

（4）被测要素　给出了几何公差的要素。

（5）基准要素　用来确定被测要素的方向或（和）位置的要素。

（6）单一要素　仅对其本身给出几何公差要求的要素。

（7）关联要素　对其他要素有功能（方向、位置）要求的要素。

（8）包容要求　为使实际要素位于理想形状的包容面之内的一种公差要求。

（9）最大实体要求　控制被测要素的实际轮廓处于其最大实体实效边界之内的公差要求。

（10）最小实体要求　控制被测要素的实际轮廓处于其最小实体实效边界之内的公差要求。

5.2.2　公差的特征项目和特征符号

国家标准规定了 19 个形位公差的特征项目，见表 8.5。

表 8.5　几何公差的特征项目和特征符号

分类	特征项目	符号	分类	特征项目	符号	项目	附加附号
形状公差	直线度	——	方向公差	线轮廓度	⌒	包容要求	Ⓔ
	平面度	▱		面轮廓度	◠	最大实体要求	Ⓜ
	圆度	○	位置公差	位置度	⊕	最小实体要求	Ⓛ
	圆柱度	⌀		同心度（中心点）	◎	可逆要求	Ⓡ
	线轮廓度	⌒		同轴度（轴线）	◎	延伸公差带	Ⓟ
	面轮廓度	◠		对称度	=	自由状态条件	Ⓕ
方向公差	平行度	//		线轮廓度	⌒	理论正确尺寸	50
	垂直度	⊥		面轮廓度	◠	公共公差带	CZ
	倾斜度	∠	跳动公差	圆跳动	↗	小径	LD
				全跳动	↗↗	大径	MD

（表中"附加符号（部分）"纵向标注于"项目/附加附号"两列之间）

5.2.3　几何公差的符号

形位公差符号由公差特征符号、附加符号、基准符号、公差数值组成，组织在一个框格内，标注在图样中。

公差框格的画法，如图 8.28（a）所示。框格内各小格的宽度应为：第一格等于框格的高度，其他格的宽度与有关字母及标注内容相适应。框格高度、格内字体和框格线的宽度，见表 8.6。字体高度应与图样中所标尺寸一致，线条粗细是字高的 1/10。

基准符号的画法如图 8.28（b、c）所示，两种形式均可。方框的边长与框格高相同，三角的高等于字高。基准符号无论如何倾斜，字母总是水平的。

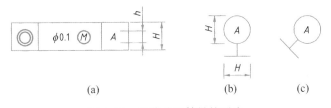

图 8.28　形位公差符号的画法

表 8.6　推荐尺寸

特征	推荐尺寸/mm						
框格高度 H	5	7	10	14	20	28	40
字体高 h	2.5	3.5	5	7	10	14	20
线条粗细	0.25	0.35	0.5	0.7	1	1.4	2

圆柱度、平行度和跳动公差的符号倾斜约 75°。

5.2.4　几何公差的标注方法

（1）几何公差框格用带箭头引线指向被测要素，当被测要素是轮廓线或表面时，将箭头置于要素轮廓线或轮廓线的延长线上，如图 8.29(a、b)所示。

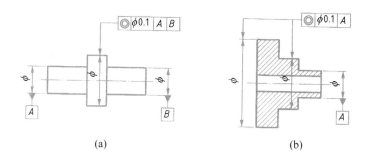

图 8.29　形位公差标注一

当被测要素涉及轴线、中心平面或由带尺寸要素的点时，则带箭头指引线应与尺寸线的延长线重合，见图 8.30(a、b)。

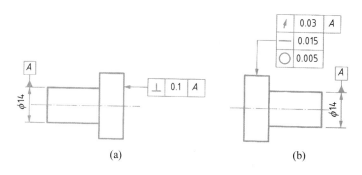

图 8.30　形位公差标注二

（2）如对同一要素有一个以上的几何公差特征项目要求时，可将多个框格上下排在一起，如图 8.29(b)所示。

（3）对几个要素有同一几何公差要求时，可用同一框格多条指引线标注，如图 8.30(b)所示。

（4）用一个字母表示单个基准，如图 8.30(a)所示。由两个或以上的要素组成的基准体系，如多基准，在框格中可按基准的次序从左到右的分别放入不同的格中，如图 8.29(a)所示。

（5）若干个分离要素给出单一公差带时，可按图 8.31 在公差框格内公差值的后面加注公共公差带的符号 CZ。

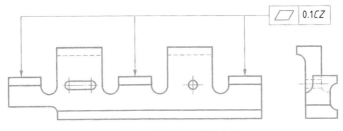

图 8.31 公共公差带的标注

(6) 当指引线箭头与尺寸线箭头重叠时,指引线箭头或基准三角形可同时代替尺寸线箭头,如图 8.32 所示。

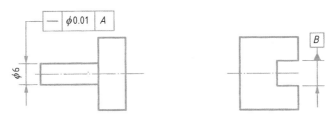

图 8.32 代替尺寸箭头

(7) 被测要素为视图中实际表面时,箭头也可指向引出线的水平线上,引出线引自被测表面,放置基准时基准三角形也可放置在引出线的水平线上,如图 8.33 所示。

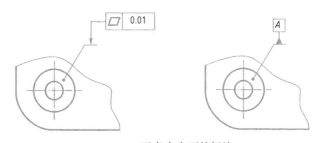

图 8.33 要素为表面的标注

(8) 如果只以要素的某一局部作基准,则应用粗点画线示出该部分,并标注尺寸,如图 8.34 所示。

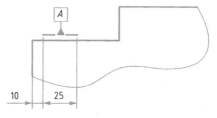

图 8.34 以要素某一局部作基准的标注

5.3 表面粗糙度

图 8.35　实际加工零件的表面

仔细观察加工后的零件表面,可以看出零件的表面并不是完全光滑的,有的用肉眼都可以看出加工的痕迹,如图 8.35 所示零件的表面。即使是加工很精细,在放大镜下也可以看出零件的表面是凹凸不平的,凸起的称为峰,凹下的称为谷。

零件的表面质量对零件的配合、耐磨程度、抗疲劳强度、高腐蚀性及外观质量都有很大的影响,所以它是零件整体质量中的一个重要的指标。衡量表面质量有多个指标,其中表面粗糙度指标是对零件表面凹凸及光滑程度的衡量。

表面粗糙度的定义是:加工表面上具有的较小间距的峰谷所组成的微观几何形状特性。

5.3.1　基本概念

国家标准对评定表面粗糙度的各项指标,做了较大的调整,原 GB/T 131—1993《机械制图、表面粗糙度符号、代号及其标注》修订为 GB/T 131—2006《产品几何技术规范(GPS)、技术产品文件中表面结构的表示法》。评定粗糙度的指标也被调整为两个:

(1) Ra(轮廓算术平均偏差):在取样长度 l 内,轮廓偏距绝对值的算术平均值,如图 8.36 所示:

$$Ra \approx \frac{1}{n} \sum_{i=1}^{n} |y_i|。$$

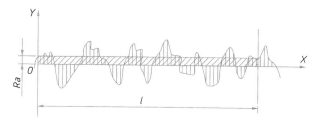

图 8.36　粗糙度值定义

(2) Rz(轮廓最大高度):在取样长度 1 内,5 个最大轮廓峰高的平均值和 5 个最大轮廓谷深的平均值之和:

$$Rz = \frac{\sum_{i=1}^{5} y_{p_i} + \sum_{i=1}^{5} y_{v_i}}{5}。$$

在实际应用中,以 Ra 用得最多,因为它能充分反映表面微观形状的几何高度特性,所用的测量仪器(电动轮廓仪)也比较简单。其数值已经标准化,常取的粗糙度值有 12.5、6.3、3.2、1.6、0.8 等,单位均为微米(μm)。数值越大意味着表面越粗糙。

5.3.2　表面结构符号、代号

表面结构图形符号根据 GB/T 131—2006 的规定分为基本图形符号、扩展图形符号和完整图形符号,其含义见表8.7。在表面结构符号上注有表面粗糙度参数及加工要求等有关规定的称为表面粗糙度符代号,在图纸上是通过标注表面粗糙度的代号来标明对零件表面的粗糙度要求。

表 8.7　表面结构符号与意义

符号名称	符号与含义		
基本和扩展图形符号	基本图形符号 没有补充说明不能单独使用	扩展图形符号 去除材料工艺	扩展图形符号 不去除材料工艺
需要标注补充信息的完整图形符号	允许任何工艺	去除材料工艺	不去除材料工艺
完整图形符号 补充信息标注位置	 *c* *a* *e*　*d*　*b*	*a*——注写表面结构单一要求 *a*、*b*——注写两个或多个表面结构要求 *c*——注写加工方法 *d*——注写表面纹理和方向 *e*——注写加工余量	

表面粗糙度 *Ra* 值的标注见表8.8。

在表面结构代号的标注过程中,会涉及有关检验评定的几个重要概念:

(1) 16%规则　当参数的规定值为上限值时,如果在同一条件下的全部实测值中,大于规定值的个数不超过实测值总数的16%,则该表面合格。当参数的规定值为下限值时,如果在同一条件下的全部实测值中,小于规定值的个数不超过实测值总数的16%,则该表面合格。

表 8.8　表面粗糙度 *Ra* 值的标注

代号	意义	代号	意义
*Ra*3.2	用去除材料的方法获得的表面粗糙度,*Ra* 的单向上限值为 3.2 *μ*m,16%规则	*Rama×*3.2	用去除材料的方法获得的表面粗糙度,*Ra* 的最大值为 3.2 *μ*m,最大规则
*Ra*3.2	用不去除材料的方法获得的表面粗糙度,*Ra* 的上限值为 3.2 *μ*m,16%规则	*Rama×*3.2	用不去除材料的方法获得的表面粗糙度,*Ra* 的最大值为 3.2 *μ*m,最大规则
U *Ra*3.2 L *Ra*1.6	用去除材料的方法获得的表面粗糙度,*Ra* 的上限值为 3.2 *μ*m,*Ra* 的下限值为 1.6 *μ*m,16%规则	U *Rama×*3.2 L *Ra*1.6	用去除材料的方法获得的表面粗糙度,*Ra* 的最大值为 3.2 *μ*m,最大规则;*Ra* 的下限值为 1.6 *μ*m,16%规则

（2）最大规则　在被检表面的全部区域内测得的参数值一个也不应超过规定值时,该表面合格。若规定参数的最大值,应在参数符号后面增加一个"max"标记。

（3）取样长度(l_r)　在 X 轴方向判别被评定轮廓不规则特征的长度。

（4）评定长度(l_n)　用于评定被评定轮廓的 X 轴方向上的长度。评定长度包含一个或几个取样长度。

粗糙度的值如果不是 Ra 值,标注时需要在数值前写上相应的参数代号,如 $Rz3.2$。

图 8.37 所示为粗糙度代号各参数在代号中的标注方法。图 8.37(a)表示加工余量为 5 mm,粗糙度 Ra 值单向上限值为 6.3 μm。图 8.37(b)表示加工方法为铣,加工纹理方向为垂直于视图的投影面,粗糙度 Ra 值单向上限值为 6.3 μm。图 8.37(c)表示评定长度为 3 个取样长度,粗糙度 Ra 值单向上限值为 3.2 μm。缺省的评定长度为 5 个取样长度。

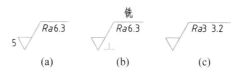

图 8.37　粗糙度代号各参数标注的方法

表 8.9 中列出了常见的加工纹理方向符号及其含义。

表 8.9　加工纹理方向符号的含义

符号	含　义	符号	含　义
=	纹理平行于标注代号的视图的投影面	C	纹理呈近似同心圆
⊥	纹理垂直于标注代号的视图的投影面	R	纹理呈近似放射形
×	纹理呈两相交的方向	P	纹理无方向或呈凸起的细粒状
M	纹理呈多方向		

表面结构符号的画法在国家标准中也作了规定,如图 8.38 所示。符号各部分所对应的数值见表 8.10。符号的大小与绘图时绘制轮廓线的粗实线的宽度有对应关系,一般的 A3 号图纸,粗实线线宽取 0.5 mm,所以此时的粗糙度符号按这一系列尺寸来绘制。

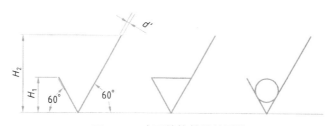

图 8.38　表面结构符号的画法

表 8.10 粗糙度符号各部分尺寸

名称	尺寸/mm						
轮廓线的线宽 b	0.35	0.5	0.7	1	1.4	2	2.8
数字与字母的高度 h	2.5	3.5	5	7	10	14	20
符号的线宽 d'	0.25	0.35	0.5	0.7	1	1.4	2
高度 H_1	3.5	5	7	10	14	20	28
高度 H_2	8	11	15	21	30	42	60

5.3.3 表面结构代号的标注方法

(1) 表面结构代号一般注在可见轮廓线、尺寸界线,引出线或它们的延长线上,符号的尖端必须从材料外指向表面,如图 8.39 所示。表面结构代号中数字及符号的方向必须按图中所示标注。

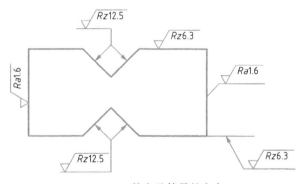

图 8.39 数字及符的方向

(2) 当零件上与视图垂直的周边表面有相同表面结构要求时,可按图 8.40 所示标注,该图表示周边这 6 个面要求相同。

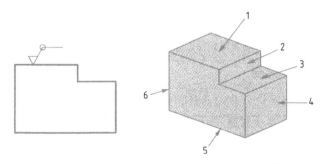

图 8.40 对周边各面有相同的表面结构要求的注法

(3) 当零件所有表面具有同样的表面结构要求时,可以在图样的标题栏附近统一标注;如果多数表面结构要求一样,可以将少数不一样的表面结构要求在图样标注,多数表面结构要求可以在图样标题栏附近统一标注,如图 8.41 所示。

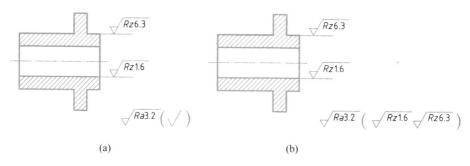

图 8.41　表面结构代号标注一

标注时应在符号后面加上圆括号,括号内可以如图 8.41(a)所示给出无任何其他标注的基本符号,或图 8.41(b)所示给出不同的表面结构要求。

(4) 对螺纹这样的重复结构要素,表面结构代号只标注一次,标在螺纹的尺寸线上即可,如图 8.42 所示。

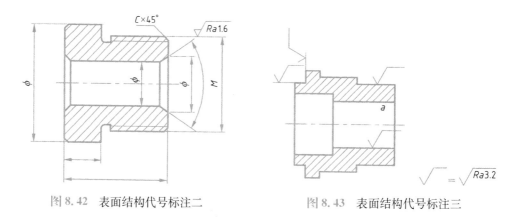

图 8.42　表面结构代号标注二　　　　图 8.43　表面结构代号标注三

(5) 表面结构代号的标注还可以采取简化或省略的方法标注,如图 8.43 所示,但应在标题栏附近说明这些简化符号、代号的意义。该图表示未指定加工方法的多个表面结构要求的注法。

(6) 对于不连续的同一表面,可以用细实线连接后标一次表面结构代号,如图 8.44 所示。对于像锪平孔这样的结构可以采用如图所示的标注方法标注。

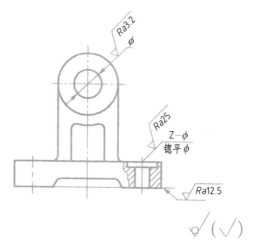

图 8.44　表面结构代号标注四

（7）零件上键槽、花键等的表面结构代号的标注，如图 8.45 所示。

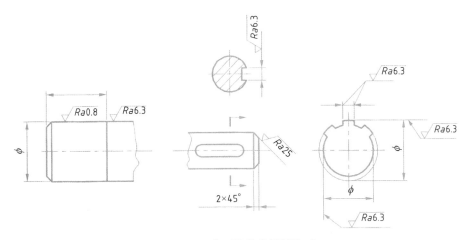

图 8.45　表面结构代号标注五

（8）零件上如齿轮、蜗轮蜗杆等重复要素的表面结构要求只标注一次，标注方法如图 8.46 所示。

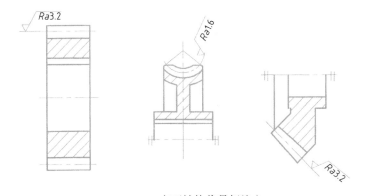

图 8.46　表面结构代号标注六

（9）需要将零件局部热处理或局部镀（涂）覆时，应用粗点画线画出其范围并标注相应的尺寸，也可将其要求注写在表面粗糙度符号长边的横线上，如图 8.47 所示。

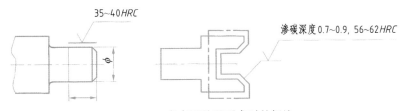

图 8.47　有表面处理要求时的标注

（10）表面结构要求可标注在几何公差框格的上方，如图 8.48 所示。

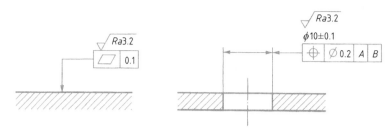

图 8.48　有几何公差框格情况下的标注

6. 读零件图

零件图是制造和检验零件的依据,是反映零件结构、大小及技术要求的载体。读零件图的目的就是根据零件图想象零件的结构形状,了解零件的尺寸和技术要求。为了更好地读懂零件图,最好能联系零件在机器或部件中的位置、功能以及与其他零件的关系来读图。下面通过铣刀头中的主要零件来介绍识读零件图的方法和步骤。

图 8.49 所示为铣刀头的装配轴测图。铣刀头是安装在铣床上的一个部件,用来安装铣刀盘(图中用细双点画线画出)。动力通过 V 带轮带动轴转动,轴带动铣刀盘旋转,对工件进行平面铣削加工。轴通过滚动轴承安装在座体内,座体通过底板上的 4 个沉孔安装在铣床上。由此可知,轴、V 带轮和座体是铣刀头的主要零件。

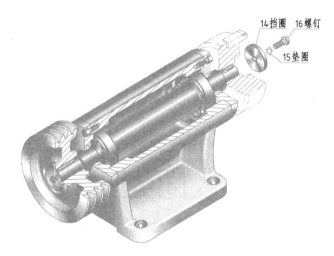

图 8.49　铣刀头装配轴测图

6.1　轴

1. 结构分析

由图 8.49 铣刀头装配轴测图对照图 8.50 铣刀头轴测分解图可看出,轴的左端通过普通平键 5 与 V 带轮连接,右端通过两个普通平键(双键)13 与铣刀盘连接,用挡圈和螺钉固定在轴上,如图 8.51 所示。轴上有两个安装端盖的轴段和两个安装滚动轴承的轴段,通过轴承把

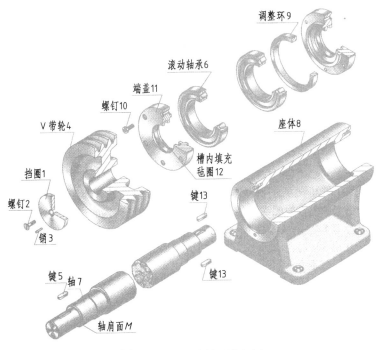

图8.50 铣刀头轴测分解图

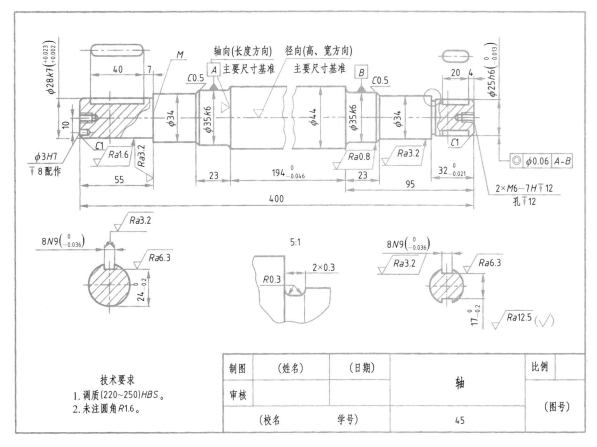

图8.51 轴零件图

轴串安装在座体上,再通过螺钉、端盖实现轴串的轴向固定。安装轴承的轴段,其直径要与轴承的内径一致,轴段长度与轴承的宽度一致。安装 V 带轮轴段的长度要根据 V 带轮的轮毂宽度来确定。

2. 表达分析

采用一个基本视图(主视图)和若干辅助视图表达。轴的两端用局部剖视表示键槽和螺孔、销孔。截面相同的较长轴段采用折断画法。用两个断面图分别表示单键和双键的宽度和深度。用局部视图的简化画法表达键槽的形状。用局部放大图表示砂轮越程槽的结构。

3. 尺寸分析

(1) 以水平轴线为径向(高度和宽度方向)主要尺寸基准,由此直接注出各轴段直径及安装 V 带轮、滚动轴承和铣刀盘用的、有配合要求的轴段尺寸,如 $\phi 28k7$、$\phi 35k6$、$\phi 25h6$ 等。

(2) 以中间最大直径轴段的端面(可选择其中任一端面)为轴向(长度方向)主要尺寸基准。由此注出 23、194 和 95。再以轴的左、右端面以及 M 端面为长度方向尺寸的辅助基准。由右端面注出 32、4、20;由左端面注出 55;由 M 面注出 7、40;尺寸 400 是长度方向主要基准与辅助基准之间的联系尺寸。

(3) 轴上与标准件连接的结构,如键槽、销孔、螺纹孔的尺寸,按标准查表获得。

(4) 轴向尺寸不能注成封闭尺寸链,选择不重要的轴段 $\phi 34$(与端盖的轴孔没有配合要求)为尺寸开口环,不注长度方向尺寸,使长度方向的加工误差都集中在这段。

4. 看懂技术要求

(1) 凡注有公差带尺寸的轴段,均与其他零件有配合要求。如注有 $\phi 28k7$、$\phi 35k6$、$\phi 25h6$ 的轴段,表面粗糙度要求较严,Ra 上限值分别为 $1.6\ \mu m$ 或 $0.8\ \mu m$。

(2) 安装铣刀头的轴段 $\phi 25h6$ 尺寸线的延长线上所指的形位公差代号,其含义为 $\phi 25h6$ 的轴线对公共基准轴线 A—B 的同轴度误差不大于 0.06。

(3) 轴(45 钢)应经调质处理(220~250 HBS),以提高材料的韧性和强度。所谓调质是淬火后在 450~650℃高温回火。

6.2　V 带轮

1. 结构分析

V 带轮是传递旋转运动和动力的零件。从图 8.52 中可看出,V 带轮通过键与轴连接,因此,在 V 带轮的轮毂上必有轴孔和轴孔键槽。V 带轮的轮缘上有 3 个 A 型轮槽,轮毂与轮缘用幅板连接。

2. 表达分析

V 带轮按加工位置轴线水平放置,其主体结构形状是带轴孔的同轴回转体。主视图采用全剖视图,表示 V 带轮的轮缘(V 形槽的形状和数量)、幅板和轮毂,轴孔键槽的宽度和深度用局部视图表示。

3. 尺寸和技术要求分析

(1) 以轴孔的轴线为径向基准,直接注出 $\phi 140$(基准圆直径)和 $\phi 28H8$(轴孔直径)。

(2) 以 V 带轮的左、右对称面为轴向基准,直接注出 50、11、10 和 15 ± 0.3 等。

(3) V 带轮的轮槽和轴孔键槽为标准结构要素,必须按标准查表,标注标准数值。

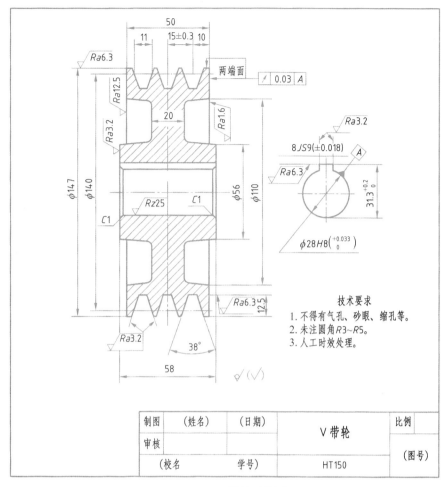

制图	（姓名）	（日期）	V 带轮		比例	
审核						
（校名）	学号		HT150		（图号）	

图 8.52 V 带轮零件图

（4）外圆 $\phi 147$ 表面及轮缘两端面对于孔 $\phi 28$ 轴线的圆跳动公差为 $\phi 0.3$。

6.3 座体

1. 结构分析

座体在铣刀头部件中起支承轴、V 带轮和铣刀盘以及包容轴串的功用。座体的结构形状可分为两部分：上部为圆筒状，两端的轴孔支承轴承，其轴孔直径与轴承外径一致，两侧外端面制有与端盖连接的螺纹孔。中间部分孔的直径大于两端孔的直径（直接铸造不加工）；下部是带圆角的方形底板，有 4 个安装孔，将铣刀头安装在铣床上，为了接触平稳和减少加工面，底板下面的中间部分做成通槽。座体的上、下两部分用支承板和肋板连接。

2. 表达分析

座体的主视图按工作位置放置，采用全剖视图，表达座体的形体特征和空腔的内部结构。左视图采用局部剖视图，表示底板和肋板的厚度，底板上沉孔和通槽的形状。在圆柱孔端面上表示了螺纹孔的位置。由于座体前后对称，俯视图可画出其对称的一半或局部，例如图 8.53 中，采用 A 向局部视图，表示底板的圆角和安装孔的位置。

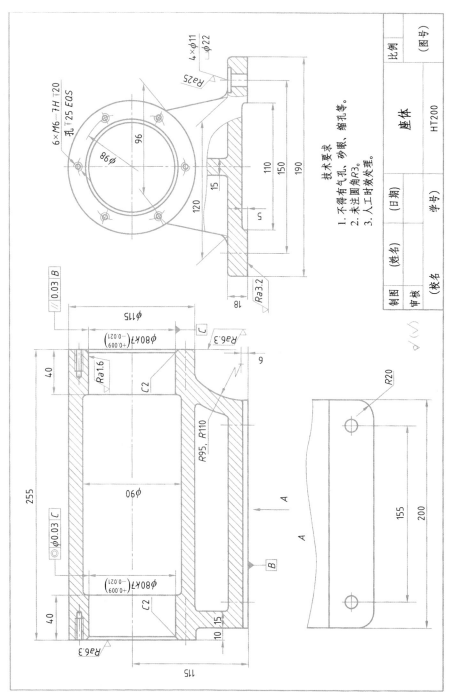

图 8.53 座体零件图

3. 尺寸分析

（1）选择座体底面为高度方向主要尺寸基准,圆筒的任一端面为长度方向主要尺寸基准,前后对称面为宽度方向主要尺寸基准。

（2）直接注出按设计要求的结构尺寸和有配合要求的尺寸。如主视图中的 115 是确定圆筒轴线的定位尺寸,ϕ80k7 是与轴承配合的尺寸,40 是两端轴孔长度方向尺寸。左视图和 A 向局部视图中的 150 和 155 是 4 个安装孔的定位尺寸。

（3）考虑工艺要求,注出工艺结构尺寸,如倒角、圆角等。左视图上螺孔和沉孔尺寸的标注形式参阅表 8.2。

（4）其余尺寸以及有关技术要求请读者自行分析。

练 习

识读图 8.54 所示零件图,并回答下列问题。

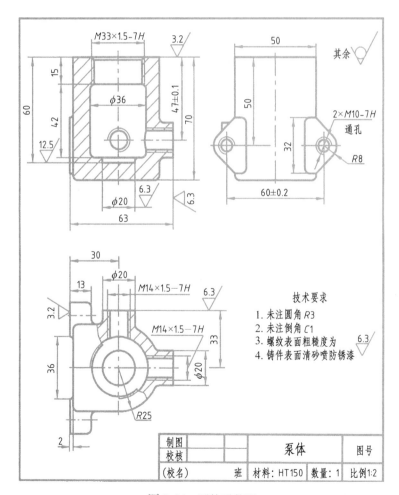

图 8.54　泵体零件图

1. 填空题

该零件图应使用_____个图形表达，名称是_____。零件图绘图比例是_____。该零件材料为_____。该零件表面粗糙度要求最高的有_____处，*Ra* 值是_____μm。该零件总长尺寸是_____，最大直径尺寸是_____。

2. 单选题

(1) 主视图的剖切位置在(   )。

   A. 通过 M33×1.5—7H 螺纹孔的轴线，且平行于正投影面

   B. 通过体的前后对称面

   C. 通过后面 M14 螺纹孔轴线

(2) 零件上表面粗糙度要求最高值是(   )。

   A. 0.8 μm   B. 3.2 μm   C. 6.3 μm

(3) 该零件高度方向的尺寸基准在(   )。

   A. 零件上表面   B. 零件下表面   C. M10 螺纹孔轴线

(4) 主视图上投影为同心圆，且外圆为 3/4 细实线的结构尺寸是(   )。

   A. ϕ36   B. M14×1.5—7H   C. ϕ20

(5) M14×1.5—7H 的高度定位尺寸是(   )。

   A. 50   B. 70   C. 47±0.1

(6) 各螺纹的表面粗糙度值是(   )μm。

   A. 6.3   B. 3.2   C. 12.5

3. 多选题

(1) 零件图采用的表达方法是(   )。

   A. 全剖视图   B. 半剖视图   C. 基本视图   D. 局部剖视图

(2) 零件上 M33×1.5—7H 标注的含义是(   )。

   A. 大径为 33   B. 细牙螺距为 1.5

   C. 右旋   D. 左旋

(3) 俯视图箭头所指的结构的长、宽、高度尺寸是(   )。

   A. 55   B. 30   C. 70   D. 50

第❾章

标准件和常用件

学习目标 了解螺纹的基本知识;掌握螺纹的标注和画法;掌握螺纹紧固件的比例画法; 了解键、销、齿轮的画法。

1. 螺纹和螺纹紧固件

1.1 螺纹和螺纹连接

螺纹广泛应用于生产和生活当中。加工在圆柱外表面的螺纹称为外螺纹,加工在零件孔腔内的螺纹称为内螺纹。

零件尺寸较大的外、内螺纹,主要是以车制的方式加工,图 9.1(a、b)所示是在车床上车制外螺纹的情形。工件做旋转运动,车刀做直线运动,刀尖切入工件一定的深度时,在工件的表明就加工出螺纹。

刀尖的运动轨迹是一条螺旋线,因此螺纹可以看成是截面如车刀刀尖,形成的图形沿着缠绕在圆柱表面的螺旋线切出的沟槽。

外螺纹的加工方法还有滚制、搓制等机加工方法和手工加工方法,手工加工是用板牙扳制外螺纹。内螺纹除车制外,还有机攻和手攻加工方法,如图 9.1(c)所示。

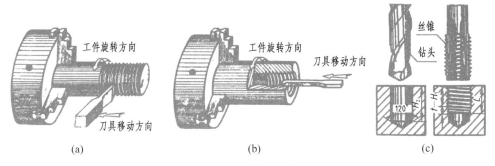

图 9.1 加工螺纹的方法

1.2 螺纹要素

如图 9.2 所示，螺纹一般成对使用，内、外螺纹连接时，以下要素必须相同。

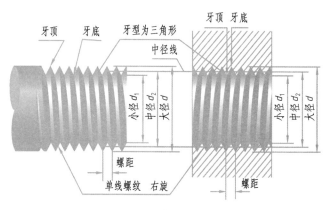

图 9.2　螺纹要素

（1）牙型　在通过螺纹轴线的断面上，螺纹的轮廓形状成为牙型。常见的牙型有三角形、梯形、锯齿形、方形等，不同的螺纹牙型有不同用途。

（2）直径　螺纹的直径分为大径、小径和中径。大径是指外螺纹牙顶或内螺纹牙底的假想圆柱的直径，内、外螺纹的大径符号分别是 D、d。普通螺纹大径又称为公称直径。

小径是指外螺纹牙底或内螺纹牙顶的假想圆柱的直径，内、外螺纹的小径分别是 D_1、d_1。

中径是指通过牙型上沟槽和凸起部位宽度相等处的假想圆柱的直径，内、外螺纹的中径符号分别是 D_2、d_2。

（3）线数　螺纹的线数实际上就是形成螺纹的螺旋线的线数，有单线和多线之分。只有一条的称为单线；有两条或者 3 条的称为双线或三线，以此类推。线数符号为 n。

（4）螺距、导程　螺距是指相邻两牙在中径线上的相对应点之间的轴向距离，用符号 P 表示。导程是指同一条螺旋线上相邻两牙在中径线上的对应点之间的距离，用符号 P_h 表示，如图 9.3 所示，螺距、导程与线数的关系为：螺距＝导程/线数。单线螺纹的螺距等于导程。

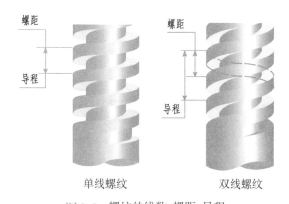

单线螺纹　　　　　　双线螺纹

图 9.3　螺纹的线数、螺距、导程

（5）螺纹的旋向　内、外螺纹旋合时的旋转方向称为旋向。螺纹的旋向有左、右之分。顺时针旋转时旋入的螺纹称为右旋螺纹；逆时针旋转时旋入的螺纹称为左旋螺纹。

旋向可按下方法判定：将外螺纹轴线垂直放置，螺纹的可见部分是右高左低为右旋螺纹；左高右低为左旋螺纹，如图 9.4 所示。

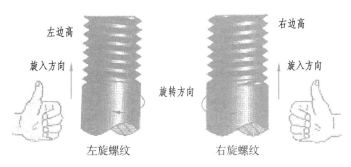

图 9.4　螺纹的旋向

1.3　螺纹的规定画法

螺纹牙顶圆的投影用粗实线表示，牙底圆的投影用细实线表示，在螺杆的倒角或倒圆部分也应画出。在垂直于螺纹轴线的投影面的视图中，表示牙底圆的细实线只画约 3/4 圈（空出约 1/4 圈的位置不作规定），有效螺纹的终止界线（简称螺纹终止线）用粗实线表示。

1.3.1　外螺纹的画法

在平行于螺纹轴线投影面的视图中，外螺纹的大径和螺纹终止线用粗实线表示，小径用细实线表示。在垂直于螺纹轴线投影面的视图中，外螺纹的大径用粗实线圆表示；表示小径的细实线圆只画约 3/4 圈，此时，螺杆上的倒角的投影不应画出，如图 9.5(a) 所示。

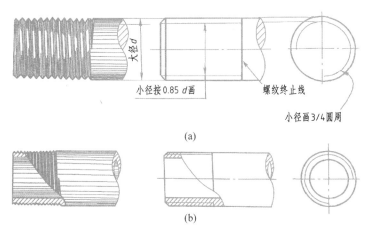

图 9.5　外螺纹的画法

1.3.2　内螺纹的画法

在平行于螺纹轴线的剖视图中，内螺纹的小径和螺纹终止线用粗实线表示，大径用细实线表示，剖面线画到粗实线。在垂直于螺纹轴线投影面的视图中，内螺纹的小径用粗实线圆表示、表示大径的细实线圆只画约 3/4 圈,此时,螺孔上的倒角投影不应画出,如图 9.6(a)所示。内螺纹一般画成剖视图的形式。

无论是外螺纹还是内螺纹,在剖视图或断面图中的剖面线都应画到粗实线,如图 9.5(b)和图 9.6(a)所示。外螺纹终止线在剖面处只画出一小段粗实线,画到细实线为止。

不可见螺纹的所有图线用虚线绘制,如图 9.6(b)所示。

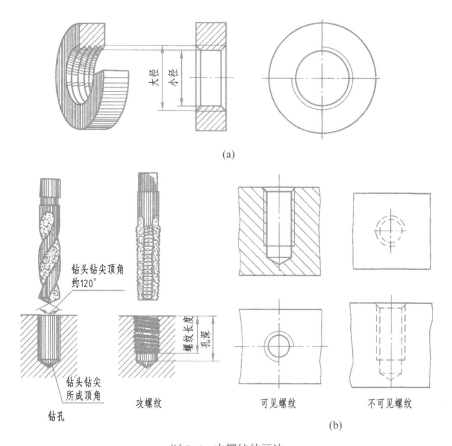

(a)

(b)

图 9.6　内螺纹的画法

1.3.3　螺尾结构、表示牙型、圆锥螺纹及螺纹孔相交的画法

螺尾部分一般不必画出,当需要表示螺尾时,该部分用于轴线成 30°的细实线画出,如图 9.7所示。当需要表示螺纹牙型时,可按图 9.8 的形式绘制。圆锥外螺纹和内螺纹的表示方式如图 9.9所示。螺纹孔相交的画法如图 9.10所示。

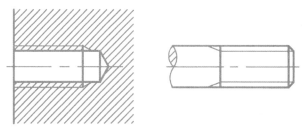

图 9.7　螺尾的画法

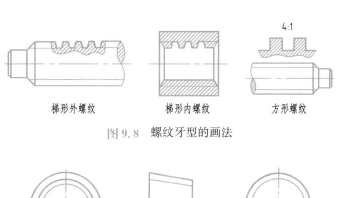

梯形外螺纹　　　　梯形内螺纹　　　　方形螺纹

图 9.8　螺纹牙型的画法

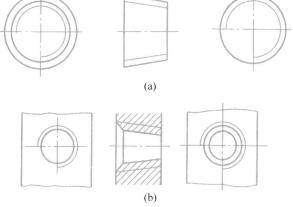

(a)

(b)

图 9.9　圆锥螺纹的画法

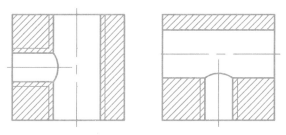

图 9.10　螺纹孔相交的画法

1.3.4　内、外螺纹的连接画法

以剖视图表示内外螺纹连接时,其旋合部分应按外螺纹的画法绘制,其余部分仍按各自画法表示,如图 9.11 所示。

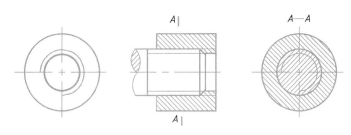

图 9.11　螺纹连接的画法

内、外螺纹连接画法属于装配图画法范畴,在绘制零件之间的装配关系时。还应注意以下两点。

(1) 在装配图中,互相接邻的金属零件的剖面线,方向应相反或一致,间隔不等。同一个物体的剖面线方向,不论在哪个视图均应相同,且间隔相等。剖切平面通过实心的外螺纹时,按不剖画。

(2) 图 9.11 的右视图为外形图,因为未看见外螺纹柱,所以按内螺纹来画。

1.4 常用螺纹及标记

1.4.1 螺纹的种类

螺纹按用途可以分为连接螺纹和传动螺纹两种,前者起连接作用,后者用于传递动力和运动。螺纹种类如下:

1.4.2 常用螺纹的标记

螺纹按国家标准规定画法画好后,需要用标注代号或标记方式来说明螺纹的牙型、公称直径、螺距、线数和旋向等要素。1995 年以后,国家修订了部分螺纹标准,在螺纹的标记上不同的螺纹略有差异。

1. 普通螺纹的标记

普通螺纹的标记格式如下:

(1) 单线 特征代号 公称直径×螺距-公差带代号-旋合长度代号-旋向代号

(2) 多线 特征代号 公称直径×Ph 导程 P 螺距-公差带代号-旋合长度代号-旋向代号

例如,标记 M20×1.5-5g6g-S-LH,其含义为:普通螺纹 M,公称直径为 20 mm,细牙,可以知道是单线螺纹,螺距为 1.5 mm,中径公差代号为 5g,顶径公差代号为 6g,短旋合长度(S),左旋(LH)。

上述普通类螺纹标记规定中,还要说明的是:粗牙螺纹不注螺距;右旋时不注旋向;一般常用中等精度螺纹,不需要标注公差带代号,如果中径和顶径公差带相同时只注一次;螺纹旋合长度分为 3 种,即短“S”、长“L”和中等“N”,“N”一般省略不标注。

2. 梯形螺纹的标记

梯形螺纹标记与普通螺纹类似,但略有不同。其标记格式如下:

(1) 单线 特征代号 公称直径×螺距 旋向代号-公差带代号-旋合长度代号

(2) 多线 特征代号 公称直径×导程(P 螺距) 旋向代号-公差带代号-旋合长度代号

例如,标记 Tr40×14(P7)LH-7e-L,其含义为:梯形螺纹 Tr,公称直径 40 mm,导程为 14 mm,螺距为 7 mm,可以知道是双线螺纹,左旋,顶径和中径的公差代号相同为 7e,长旋合长度。

标记的省略规则与普通螺纹相同。

3. 锯齿形螺纹的标记

锯齿形螺纹的标记与梯形螺纹相同。例如,B40×14(P7)LH－8c－L。

4. 管螺纹的标记

管螺纹的标记来源于英制,我国在制定标准时已经将其米制化,它的标记由特征代号、尺寸代号组成。尺寸代号中的数字并不是螺纹大径,没有单位,只是象征性地表示螺纹的大小。例如,G1/2、Rp1/2。前者表示非密封管螺纹,后者表示密封管螺纹。

1.4.3 螺纹的标注方法

标准螺纹的标注方法是直接将螺纹标注在螺纹的大径上,管螺纹除外,管螺纹采用引出式标注,如图 9.12 所示。

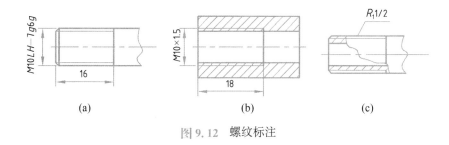

图 9.12 螺纹标注

标注的螺纹长度是螺纹的有效长度,不包括螺尾在内。非标准螺纹需要将牙型画出,并标注出各部位所有尺寸及要求。

内、外螺纹连接在一起称为螺纹副,其标注如图 9.13 所示。若需要标注出公差带代号,则将外螺纹的公差带代号和内螺纹的公差带代号同时标注出来。内螺纹用大写,外螺纹用小写,如图中的 6H 为内螺纹的中径与顶径公差带代号,6g 为外螺纹中径和顶径公差带代号。常用螺纹的牙型、用途、特征代号及标注见表 9.1。

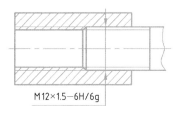

图 9.13 螺纹副的标注

表 9.1 常用螺纹牙型和用途

类型	牙型和用途	特征代号	标注示例	标记说明
普通螺纹 粗牙	60°	M	M12－5g6g－S	公称直径 20 mm 的粗牙普通螺纹,中径和顶径的公差带代号分别是 5g、6g,短旋合长度
普通螺纹 细牙	一般连接用粗牙普通螺纹 薄壁零件的连接用细牙普通螺纹	M	M10×1－6H－LH	公称直径为 10 mm 的细牙普通螺纹,螺距为 1,左旋,中、顶径公差带代号均为 6H,中等旋合长度

类型	牙型和用途	特征代号	标注示例	标记说明
55°非密封管螺纹	55°	G	G1/2A—LH	非螺纹密封的外管螺纹，尺寸代号为 1/2，左旋，公差等级为 A 级
55°非密封管螺纹	1:16　55°	Rc Rp R_2 R_1	Rc1/2	螺纹密封的圆锥（内）管螺纹、尺寸代号为1/2
梯形螺纹	30°	Tr	Tr22×10(P5)LH—7e	公称直径 22 mm，双线，导程为 10 mm，螺距为 5 mm，左旋，公差带代号为 7e，中等旋合长度的梯形螺纹
锯齿形螺纹	3° 30°	B	B40×14(P7)LH—8c—L	公称直径 40 mm，导程为 14 mm，螺距为 7 mm，左旋，公差带代号为 8c，长旋合长度的锯齿形螺纹

1.5　螺纹紧固件画法及标记

　　常用的螺纹紧固件有螺栓、螺母、垫圈、螺钉、双头螺柱等。它们均是标准件，真实结构、尺寸均由相应的国家标准规定，因此在图纸上不需要标注它们的完整尺寸，只需要写明它们的标记即可。常用的螺纹紧固件连接形式有螺栓连接、双头螺柱连接和螺钉连接。

　　它们的画法也不是按照真实尺寸画出的完整结构，而是按照国家标准中的规定，采取比例画法绘制。比例画法是指螺纹紧固件绘制时所需要的各个部位的尺寸，均采取将公称直径乘以系数折算出来，然后再将其当成真实尺寸绘制。

1.5.1　螺纹紧固件标记方法

螺纹紧固件的标记方法有完整标记和简化标记两种,完整标记一般由名称、标准代号、尺寸规格、性能等级、表面处理方式等组成。简化标记主要由名称、标准代号、尺寸规格组成,简化标记使用较为普遍。

标记实例:

螺栓　GB/T 5782—2000 M12×80−10.9−A−O(完整标记)

表示:公称直径 $d=22$ mm,公称长度 $l=80$ mm,性能等级为 10.9 级,表面氧化,产品等级为 A 级的六角头螺栓。

螺栓　GB/T 5782—2000 M12×80(简化标记)

表示:公称直径 $d=22$ mm,公称长度 $l=80$ mm,性能等级为 9.8 级,表面氧化,产品等级为 A 级的六角头螺栓,其中具体的尺寸规格和性能等级由标准 GB/T 5782—2000 查阅得出。

螺母　GB/T 6170—2000 M12

表示:公称直径 $d=12$ mm,普通螺纹的六角头螺母,其具体的尺寸和性能要求可查阅标准 GB/T 6170—2000。

垫圈　GB/T 97.18—140HV

表示:公称尺寸 $d=8$ mm,性能等级为 140HV 级的垫圈。注意垫圈的公称尺寸并非指垫圈的大小直径,而是表明它能与多大的螺纹尺寸相配合使用,具体的直径需要查阅标准。

螺钉　GB/T 67 M5×20

表示:公称直径 $d=5$ mm,公称长度 $l=20$ mm 的开槽盘头螺钉。

以上仅列出了部分紧固件的标注示例,其他的可以在需要时查阅相关标准。在标记中标准的年份代号可以省略,如果无年份代号,以当前实行的最新标准为准。

1.5.2　六角头螺栓连接的比例画法

螺栓连接用于连接厚度不大的两个零件,需用到的螺纹紧固件为螺栓、螺母和垫圈。在画这些零件各部分尺寸时不需要查表,可以采用比例画法。各个部分的尺寸与螺纹公称直径 d 的关系,如图 9.14 所示。

从图 9.15 中看出,工件上的孔应比螺栓的杆部略粗;螺栓的螺纹部分应该超出螺母,这样才使连接可靠。

如图 9.16 所示,螺栓连接的画法,注意以下 5 点。

(1)一般的,主视图画成剖视图,其中螺母、螺栓、垫圈按不剖绘制。左视图可以画成剖视图,也可以画外形。

(2)螺纹的公称长度先按下式估算:

$l = \delta_1 + \delta_2 + 0.15d$(垫圈厚)$+ 0.8d$(螺母厚)$+ 0.3d$(螺栓尾端伸出长度)。

(3)根据该估算结果,查螺栓标准中的公称长度 l 系列值,选取相近的标准数值。

(4)工件通孔的直径按 $1.1d$ 绘制。

(5)剖视图中螺栓与孔壁之间的间隙能看见工件的分界线,所以有一段粗实线。在俯视图中,螺母中间部分是螺栓尾部的投影,因此应画成外螺纹。

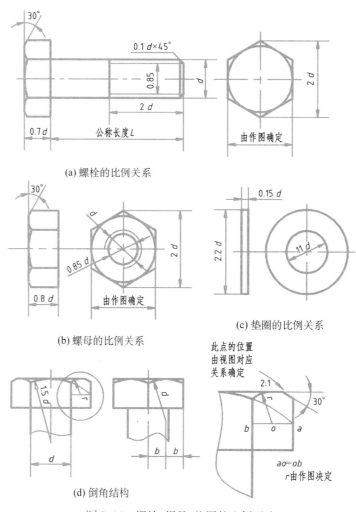

(a) 螺栓的比例关系

(b) 螺母的比例关系

(c) 垫圈的比例关系

(d) 倒角结构

图 9.14　螺栓、螺母、垫圈的比例画法

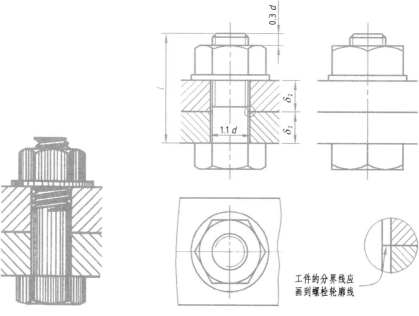

图 9.15　螺栓连接

图 9.16　螺栓连接画法

1.5.3　双头螺柱连接的比例画法

双头螺柱是在圆顶两端均加工螺纹的连接件,用于其中一个工件较厚不适于钻通孔或不能钻通孔,只需打通另一个工件即可。其连接所需用到的螺纹紧固件为螺柱、垫圈、螺母,如图 9.17 所示。

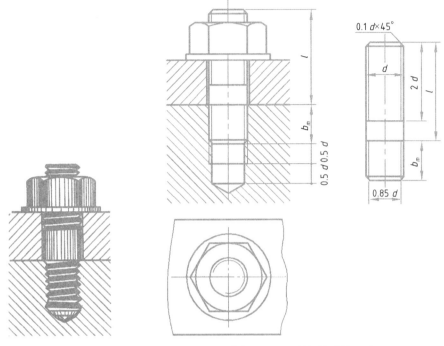

图 9.17　双头螺柱连接　　　　图 9.18　双头螺柱连接画法

双头螺柱及其连接的比例画法如图 9.18 所示,应注意以下 4 点。

(1) 螺柱旋入端的长度 b_m,当工件的材料是铸铁时,$b_m = 1.5d$;当工件的材料是钢和青铜时,$b_m = d$;当是铅时,$b_m = 2d$。旋入端的螺纹终止线,应画成与下工件的表面平齐。

(2) 在螺纹旋入端的工件上应加工螺纹盲孔,孔上的螺纹深度应大于螺柱旋入端的螺纹长,应画成 $b_m + 0.5d$ 长。孔的深度应比螺纹的长度还要长,应画成 $b_m + 0.5d + 0.5d$ 。

(3) 螺柱公称长度 l 先按上工件厚度$+0.15d$(垫圈厚)$+0.8d$(螺母厚)$+0.3d$(螺栓尾端伸出长度)估算,再选取标准中的近似值。

(4) 垫圈、螺母画法与螺栓连接相同。工件通孔的直径仍按 $1.1d$ 绘制。

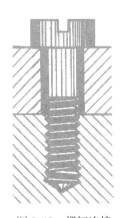

图 9.19　螺钉连接

1.5.4　螺钉连接的比例画法

螺钉连接如图 9.19 所示。螺钉的种类较多,图 9.20 所示为开槽圆柱头螺钉,开槽沉头螺钉及内六角圆柱头螺钉的比例画法。其余螺钉的各部分的比例及连接画法可参照改图绘制。在绘制螺钉连接时应注意以下 3 点:

(1) 槽的画法在主视图和俯视图的画法不是按照投影关系来绘制的,俯视图画成与中心线倾斜 45°。十字槽也将十字倾斜,主、左视图槽方向一律垂直投影面。

(2) 螺钉的公称长度按 b_m＋工件厚度来选用。

(3) 上部分没有螺纹的光孔,其孔径按 $1.1d$ 画。

螺栓、螺柱、螺钉等在装配图中可以采用简化画法,螺栓头部的曲线可以省略,一些小的结构,如倒角,也可以省略不画。小螺钉的槽可以用粗实线代替。

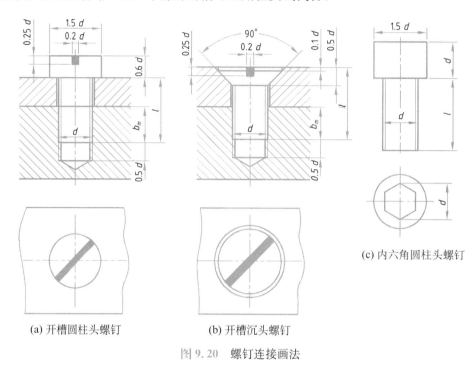

(a) 开槽圆柱头螺钉　　　　(b) 开槽沉头螺钉　　　　(c) 内六角圆柱头螺钉

图 9.20　螺钉连接画法

2. 键 和 花 键

2.1 键

2.1.1 键的作用和种类

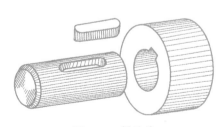

图 9.21　键连接

键主要用于连接轴与轴上零件(如齿轮、带轮和凸轮等),用于传递转矩或导向,如图 9.21 所示。由于键连接的结构简单、工作可靠、装拆方便,所以在生产中得到广泛应用。

键可以分为平键、半圆键和楔键 3 大类,大类之内还有若干小类,如平键还有 A 型(圆头)、B 型(方头)、C 型(单圆头)。具体形式主要依靠标记区分。

键的标记主要由名称、规格和标准代号组成,见表 9.2。

不同的键,规格中的尺寸含义不一样,图中列出了其含义,其余尺寸可以查代号所指的标准。

表 9.2　常用键的形状标记

名称	形状	图例	标记示例
普通平键			$b = 10$ mm，$h = 8$ mm，$l = 35$ mm 的普通 A 型平键标记为 GB/T 1096 键 10×35
半圆键			$b = 10$ mm，$D = 32$ mm，$h = 13$ mm 的普通型半圆键标记为 GB/T 1099.1 键 10×32
钩头楔键			$b = 18$ mm，$h = 11$ mm，$l = 100$ mm 的钩头型楔键标记为 GB/T 1565 键 18×100

2.1.2　键连接的画法

键在连接时需要在轴和轮毂上加工有键槽放置键。它的画法主要是指与轴、轮毂配在一起时的画法，以及轴、轮上键槽的画法。键连接的画法如图 9.22 所示。应注意以下 3 点：

（1）键在纵剖时不画剖面线，由于键上部的间隙非常小，画时可以略加夸大。轴应该作局部剖将键表现出来。

（2）键在横剖时应画剖面线，由于周围有轴、轮

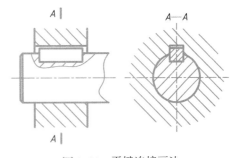

图 9.22　平键连接画法

的剖面区域，键的剖面线方向必与其中一个相同，所以只有调整剖面线的间距以与周围其他零件相区别。

（3）普通平键和半圆键属于松键连接，键与键槽两侧为配合面，画成一条线；键的顶面与键槽顶面留有一定间隙，应画成两条线。钩头型楔键的顶面是工作面，与键槽顶面为接触面，应画成一条线，两侧面是非配合面，应画成两条线。

半圆键、钩头楔键的表达基本于与图 9.22 相同，可参看有关标准。

2.2　花键

花键主要用于传递大的扭矩和动力。在轴上制成的花键称为外花键，在孔内制成的花键

称为内花键,如图 9.23 所示。

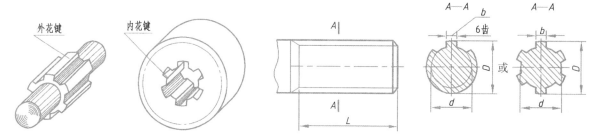

图 9.23　花键　　　　　　　　图 9.24　外花键的画法

矩形外花键轴(外花键)的画法,如图 9.24 所示,它与螺纹的画法很相似,但应该注意花键以下两个特点,不要与螺纹画法混淆:

(1)花键尾部必须画出,画成 30°斜线。花键终止处应画两条终止线,一条是有效长度的终止线,一条是键尾的终止线,全部是细实线。

(2)在平行于花键轴线的投影面的剖视图或断面图中,可以只画一个键,其余用细实线相连,并标出键数;也可以全部键都画出。

图 9.25 是花键孔(内花键)的画法,图 9.26 是花键连接的画法,注意重合处按外花键画。

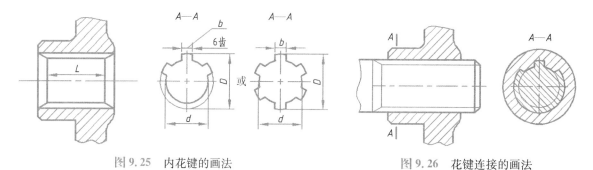

图 9.25　内花键的画法　　　　　　　图 9.26　花键连接的画法

3. 销

销主要用于零件间的连接和定位。销的类型很多,常用的有圆柱销,圆锥销和开口销等,如图 9.27 所示。其连接画法如图 9.28 所示,应按不剖画。

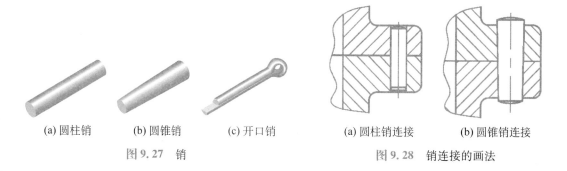

(a)圆柱销　　(b)圆锥销　　(c)开口销　　　　(a)圆柱销连接　　　(b)圆锥销连接

图 9.27　销　　　　　　　　　　图 9.28　销连接的画法

4. 齿 轮

齿轮是机械设备中常用的传动零件,用于传递动力和运动,改变转速和方向。

常见的齿轮种类有圆柱齿轮、锥齿轮和蜗轮蜗杆等,如图 9.29 所示。按齿轮上的轮齿方向又可分为直齿、斜齿、人字齿等,如图 9.30 所示。

(a) 圆柱齿轮   (b) 锥齿轮   (c) 蜗轮蜗杆

图 9.29 齿轮传动

(a) 直齿   (b) 斜齿   (c) 人字齿

图 9.30 圆柱齿轮

4.1 标准圆柱直齿轮

4.1.1 直齿圆柱齿轮各部分名称及尺寸关系

(1)齿顶圆 通过各齿顶部分的圆,其直径用 d_a 表示;如果有两个齿轮,分别是 d_{a1} 和 d_{a2},以下类同。

(2)齿根圆 通过各齿轮根部的圆,其直径用 d_f 表示。

(3)分度圆 在齿顶圆和齿根圆之间,对于标准齿轮,在此圆上的齿厚 s 与槽宽 e 相等,其直径用 d 表示。两个啮合的标准齿轮其分度圆是相切的。

(4)齿高 齿顶圆和齿根圆之间的径向距离,用 h 表示。齿顶圆和分度圆之间的径向距离称齿顶高,用 h_a 表示。分度圆和齿根圆之间的径向距离称齿根高。用 h_f 表示。齿高 $h = h_a + h_f$。

(5)齿距、齿厚、槽宽 在分度圆上相邻两齿对应点之间的弧长称为齿距,用 p 表示。在

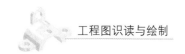

分度圆上一个轮齿齿廓的弧长称为齿厚，用 s 表示；相邻两个轮齿齿槽间的弧长称为槽宽，用 e 表示。对于标准齿轮，$s = e$，$p = s + e$。

（6）压力角　两齿轮啮合时，在轮齿齿廓接触点处，受力方向与运动方向的夹角。轮齿上不同的地方压力角是不同的。对于标准齿轮，设计齿轮的压力角是指分度圆上的压力角，用 α 表示，其大小是规定值，为 $20°$。

（7）齿数　轮齿的数量，用 z 表示。

（8）模数　用 m 表示。因为分度圆的周长 $= \pi d = zp$，所以 $d = \dfrac{p}{\pi} z$。

为了方便计算和测量，取 $m = \dfrac{p}{\pi}$，并通过标准加以规定。可见，模数越大，齿距就越大，齿厚也越大。模数是齿轮制造和设计的一个基本参数，相啮合的齿轮模数一致，在设计齿轮时应根据国家标准来选用。

（9）传动比　记作 i，主动齿轮转速 n_1 与从动齿轮转速 n_2 之比称为传动比，即 $i = \dfrac{n_1}{n_2}$。由于转速和齿数成反比，因此传动比等于从动齿轮齿数 z_2 与主动齿轮齿数 z_1 之比，即 $i = \dfrac{z_2}{z_1}$。

两啮合齿轮的尺寸关系如图 9.31 所示。绘制齿轮时首先已知它的模数 m 和齿数 z，其余尺寸可以通过计算获得，计算公式见表 9.3。

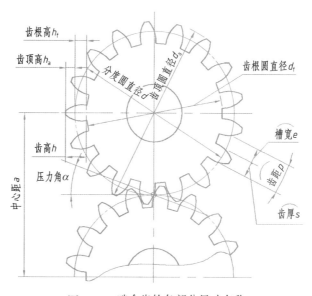

图 9.31　啮合齿轮各部分尺寸名称

表 9.3　标准直齿圆柱齿轮的尺寸计算公式

各部分名称	代号	公　式	各部分名称	代号	公　式
分度圆直径	d	$d = mz$	齿根高	h_f	$h_f = 1.25m$
齿顶高	h_a	$h_a = m$	齿顶圆直径	d_a	$d_a = m(z + 2)$

续　表

各部分名称	代号	公　式	各部分名称	代号	公　式
齿根圆直径	d_f	$d_f = m(z-2.5)$	齿厚	s	$s = \pi m/2$
齿距	p	$p = \pi m$	中心距	a	$a = m(z_1 + z_2)/2$

注：a 的计算公式适用于外啮合齿轮。

4.1.2　单个圆柱齿轮的画法

　　圆柱齿轮的轮齿部分是标准结构要素,采用标准所规定的画法,不需要按照真实投影画出每一个齿。圆柱齿轮上的其他部分则应按照投影规律或按照其他结构要素的规定画法来画。

　　图 9.32 所示为单个齿轮的画法,轮齿部分只需画出 3 个圆和 3 条线,即齿顶圆、分度圆和齿根圆,齿顶线、分度线和齿根线。齿顶圆、齿顶线用粗实线;分度圆、分度线用细点画线;齿根圆、齿根线用细实线。齿轮反映非圆的视图可以画成视图,也可以画成剖视,画成剖视时,齿根线画成粗实线,并且轮齿部分不画剖面线。画外形时,齿根线与齿根圆可以省略不画。

　　对于斜齿轮,可以在反映非圆的视图上,用 3 根与轮齿倾斜方向相同的平行细实线表示轮齿的方向,如图 9.32(b)所示的半剖视图。

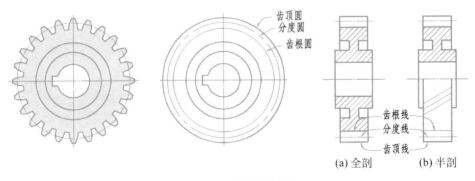

图 9.32　单个齿轮画法

4.1.3　圆柱齿轮啮合的画法

　　图 9.33 所示为圆柱齿轮啮合的画法,常用两个视图:一个是垂直于齿轮轴线的视图,另一个是平行于齿轮轴线的视图或剖视图。

　　在反映圆投影的视图上,两啮合标准齿轮分度圆应相切。啮合区齿顶圆可以正常画出,如图 9.33(a)所示;也可以不画,如图 9.33(b)所示。齿根圆可以不画。

　　在反映非圆投影的视图上,啮合区域应注意画出 5 根线:第一个齿轮的齿顶线、齿根线,第二个齿轮的齿顶线、齿根线,分度线。9.33(a)中的放大图所示,一个齿顶线画成粗实线,另一个画成虚线,也可以省略不画。画外形时可以按照图 9.33(b)来画,只在分度圆相切位置画一条粗实线,其余不画。

注意：理解啮合区域的 5 根线各自的意义。正确理解虚线的含义，并分析，当主从动轮齿宽不同时的画法。

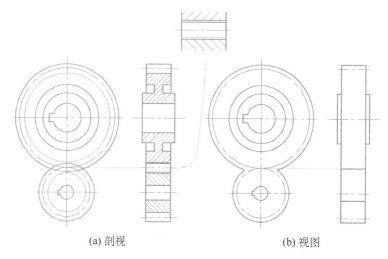

(a) 剖视　　　　　　　　　　　(b) 视图

图 9.33　圆柱齿轮啮合画法

4.2　直齿锥齿轮

锥齿轮用于相交两轴的传动，常见的两轴相交成 90°。为了计算和制造方便，规定大端的模数为标准模数，并以它来决定其他各部分的尺寸。

4.2.1　单个锥齿轮的画法

锥齿轮各部分的名称及单个锥齿轮的画法如图 9.34 所示。锥齿轮通常用剖视图表达，在反映圆的视图上，轮齿部分只需画出小端的齿顶圆，大端的齿顶圆、分度圆。

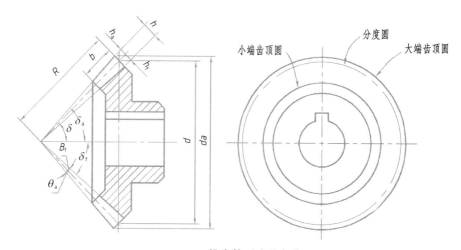

图 9.34　锥齿轮画法及名称

渐开线直齿且轴线相交成 $90°$ 的锥齿轮各部分参数的名称及计算公式,见表 9.4。

表 9.4　直齿渐开线锥齿轮各部分名称及计算公式

各部分名称	代号	公　式
分锥角	δ	$\tan \delta_1 = z_1/z_2$, $\tan \delta_2 = z_2/z_1$
分度圆直径	d	$d = mz$
齿顶高	h_a	$h_a = m$
齿根高	h_f	$h_f = 1.2m$
齿顶圆直径	d_a	$= m(z + 2\cos \delta)$
齿顶角	θ_a	$\tan \theta_a = 2\sin \delta/z$
齿根角	θ_f	$\tan \theta_f = 2.4\sin \delta/z$
顶锥角	δ_a	$\delta_a = \delta + \theta_a$
根锥角	δ_f	$\delta_f = \delta - \theta_f$
锥距	R	$R = mz/2\sin \delta$
齿宽	b	$b = (0.2 \sim 0.35)R$

4.2.2　锥齿轮啮合画法

锥齿轮啮合的画法如图 9.35 所示。首先根据模数和两个齿轮的齿数 z_1、z_2,计算出分锥角 δ 及其他参数,然后画出轮齿部分,再绘制其他部分。应注意:锥齿轮啮合时,两分度圆锥相切,它们的锥顶交于一点;轮齿的啮合区其中一个齿轮的齿顶线应画成虚线;在不画成剖视图的视图中,被遮挡的齿轮不可见轮廓线不画,只需画出分度圆。

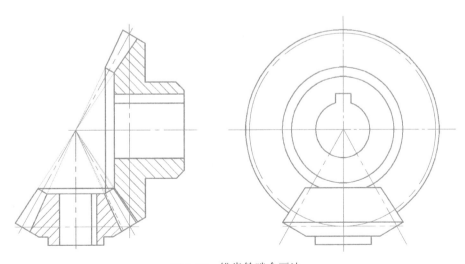

图 9.35　锥齿轮啮合画法

4.3 蜗轮蜗杆

蜗轮、蜗杆常用于两轴垂直交叉的减速传动,蜗杆是主动件,蜗轮是从动件,可以达到很高的传动比,且结构紧凑、传动平稳。蜗轮与圆柱斜齿轮相似,但其齿面制成环面。

4.3.1 蜗杆的画法

蜗杆的轮齿以螺旋线的方式绕在杆上,蜗杆的齿数 z_1 是指齿的螺旋线的线数,也称为头数。蜗杆上只有一条螺旋线称为单头蜗杆,有两条以上螺旋线称为多头蜗杆。当单头蜗杆旋转一圈,蜗轮只转过一个齿。

蜗杆视图如图9.36所示。在反映非圆的投影视图中,齿顶线用粗实线绘制,分度线用细点画线绘制,齿根线用细实线绘制,也可以省略不画;在剖视图中,齿根线用粗实线绘制。在反映圆的投影视图中,齿顶圆用粗实线绘制,分度圆用细点画线绘制,齿根圆可以不画。需要时,还应画出轴向齿廓放大图和法向齿廓放大图,以便标注尺寸。

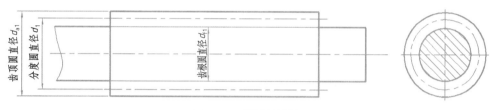

图 9.36　蜗杆的画法

4.3.2 蜗轮的画法

蜗轮与圆柱斜齿轮相似,但其齿面制成环面。在反映圆的视图上,只画出分度圆和最大圆,齿顶圆和齿根圆不画,如图9.37所示。

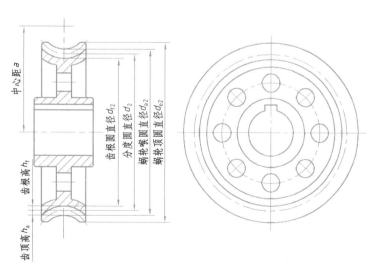

图 9.37　蜗轮的画法

4.3.3 蜗轮、蜗杆啮合的画法

在蜗轮、蜗杆的啮合画法中,一般采用两个视图表达,如图9.38(a)所示。也可以采用全

剖视图或者局部剖视图,如图 9.38(b)所示。全剖视图中,蜗轮在啮合区被挡部分的虚线可以不画,局部剖视图中啮合区蜗轮的齿顶圆和蜗杆的齿顶线也可以省略不画。

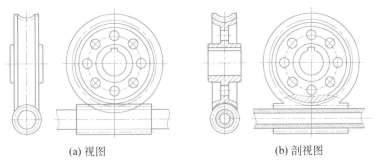

(a) 视图   (b) 剖视图

图 9.38 蜗轮、蜗杆啮合的画法

5. 弹 簧

5.1 弹簧的作用和种类

弹簧属于常用件,在机器或仪器中起减震、复位、夹紧、储能和测力等作用,其特点是除去外力后能恢复原状。

弹簧的种类分很多,常用的有螺旋弹簧、板弹簧、涡卷弹簧等。根据受力不同,弹簧又可以分为压缩弹簧、拉伸弹簧和扭力弹簧

5.2 圆柱螺旋压缩弹簧各部分名称和尺寸关系

以圆柱螺旋压缩弹簧为例,介绍弹簧的画法。其尺寸关系如图 9.39 所示。其他类型弹簧画法可查阅相关标准。

(1)弹簧丝直径 d 制造弹簧所用的钢丝直径。

(2)弹簧直径 包括 3 个,弹簧中径 D 为弹簧的平均直径,按标准选取;弹簧内径 D_1 为弹簧最小直径, $D_1 = D - d$;弹簧外径 D_2 为弹簧最大直径, $D_2 = D + d$。

(3)圈数 包括有效圈数 n、支承圈数 n_2 和总圈数 n_1,且 $n_1 = n + n_2$。有效圈数按标准选取;支承圈仅起支承作用,常见的有 1.5 圈、2 圈和 2.5 圈 3 种,以 2.5 圈居多。

(4)节距 t 相邻两有效圈截面中心线的轴向距离,按标准选取。

(5)自由高度(长度) H_0 弹簧在不受外力时的高度(长度), $H_0 = nt + (n_2 - 0.5)d$。

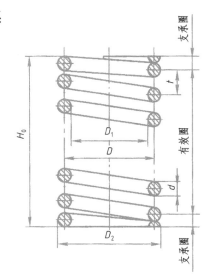

图 9.39 圆柱螺旋压缩弹簧尺寸关系

5.3 圆柱螺旋压缩弹簧的规定画法

圆柱螺旋压缩弹簧规定画法如图 9.40 所示,注意以下 4 点:

(1) 在弹簧径向投影视图中,各圈的轮廓均画成直线。

(2) 螺旋弹簧均可画成右旋,必须保证的旋向要求应在"技术要求"中注明。

(3) 有效圈数在 4 圈以上的螺旋弹簧,可以只画出其两端的 1~2 圈(支承圈除外),中间只需用过弹簧断面中心的细点画线连起来,且可适当缩短图形长度。

(4) 有支承圈时,均按 2.5 圈绘制。必要时,也可以按支承圈的实际结构绘制。

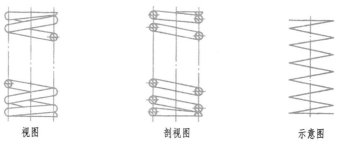

视图   剖视图   示意图

图 9.40　圆柱螺旋压缩弹簧的画法

练 习

1. 简述螺纹的五要素。

2. 螺纹的导程、螺距和线数之间的关系如何?

3. 简述内、外螺纹的规定画法。

4. 普通螺纹的标记由哪几部分组成? 在什么情况下哪些标注可以省略?

5. 解释下列螺纹代号的含义:

　　M10×1－6H　Tr40×7－7H　Rc1/2　GIA　B40×7－7A/7e

6. 在螺钉连接中,螺钉头部的一字槽在视图中如何表达?

7. 什么是模数? 其单位是什么?

第⑩章

装 配 图

🛋 **学习目标**　掌握装配图的要求,了解装配图基本内容;会由零件图拼画简单的装配图以及由装配图拆画零件图。

1. 装配图的作用和基本内容

任何机器或部件都是由若干零部件按一定顺序和技术要求装配而成的。用来表达产品及其组成部分的连接、装配关系的图样称为装配图。表达产品某一部件的装配图,称为部件装配图。表达整体产品的装配图,称为总装配图。

1.1　装配图的作用

在产品设计中,一般先绘制机器、部件的装配图,然后按装配图绘制零件图。在产品制造中,机器、部件的装配工作,都必须根据装配图进行。在产品使用和维修中,需要通过装配图来了解机器的构成及工作原理。

1.2　装配图的内容

滑动轴承如图 10.1 所示,装配图如图 10.2 所示。也可以看出,一张完整的装配图,一般应包括以下 4 个方面的内容。

（1）一组视图　用一组适当的视图正确而又清晰地表达机器、部件的工作原理、零件间的装配连接关系和主要零件的结构形状等。

（2）必要的尺寸　装配图中只需要标注出表示机器、部件的性能与规格尺寸、装配尺寸、安装尺寸、总体与外形尺寸,以及其他重要尺寸等。

（3）技术要求　用文字或符号说明机器、部件的性能、装配、调试、使用和维修等方面的要求。

图 10.1　滑动轴承

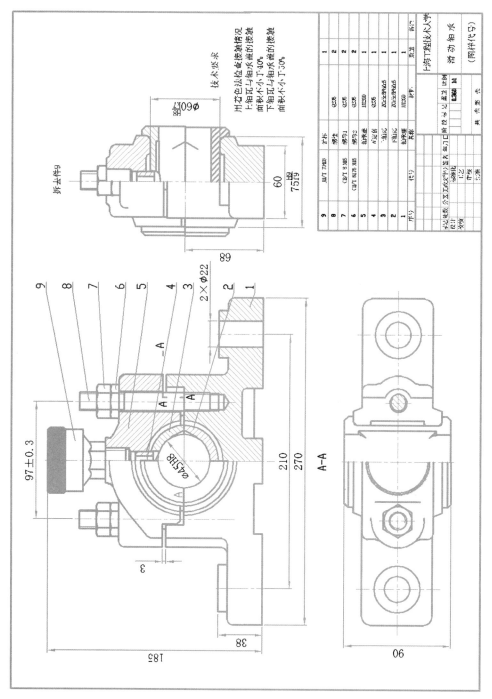

图 10.2　滑动轴承装配图

（4）零件序号、明细栏及标题栏　为了便于设计、生产和装配工作,在装配图中用引线标注、依次编出各组成零件序号,并在标题栏上方的明细栏中注明该序号零件的名称、数量、材料和标准件的国标代号。在标题栏中注明机器或部件的名称、比例和有关人员的签名等。

2.　了解装配图的表达方法

装配图的表达方法和零件图相同,通过各种视图、剖视图、断面图和局部放大图等表示。因而,前面叙述的零件图的各种表达方法同样适用于装配图中部件的表达。由于装配图的表达对象和作用与零件图不同,所以装配图还有一些特殊的表达方法、规定画法和简化画法。

2.1　装配图的规定画法

（1）两零件的接触面或配合面只画一条线,不接触表面必须画两条线。如图 10.3 中滚动轴承内圈与轴颈为配合面,滚动轴承内圈左端面与轴肩为接触面,都只画一条轮廓线。但螺钉穿过端盖的通孔为非接触面和非配合面,即使间隙很小也必须画出两条轮廓线。

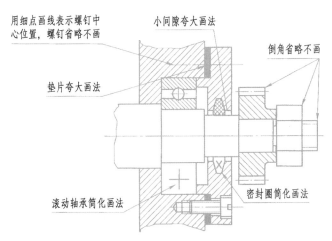

图 10.3　简化画法和夸大画法

（2）在剖视图或断面图中,相邻两零件的剖面线方向应相反,或方向相同而间隔不等。但同一零件在所有剖视图、断面图中的剖面线方向、间隔应保持一致。

（3）当剖切平面通过标准件或实心件的轴线时,则这些零件均按不剖画出。必要时,可采用局部剖视。

（4）在剖视图中,若零件的厚度小于 2 mm 时,允许用涂黑代替剖面符号。

2.2　装配图的简化画法

（1）零件的细小工艺结构,如小圆角、倒角、退刀槽及螺栓、螺母因倒角产生的曲线等,允许省略不画。

（2）若干分布有规律的相同零件组（如螺栓连接等）,可详细地画出一组或几组,其余只需用点划线表示其装配位置即可。

（3）对于滚动轴承、密封圈，可按规定画法画出一半，另一半则采用通用画法。

（4）当剖切面剖切某些标准产品的组合件时，如果该组合件不需要在装配图上表达其结构，可以不剖而只画外形，如图10.2中的油杯。

2.3 装配图的特殊表达方法

（1）拆卸画法　在装配图的某个视图中，当某些零件遮住了需要表达的其他结构或装配关系时，可假想将遮挡零件拆卸或沿结合面剖切后绘制，当需要说明时，可在视图上方标注"拆去××件"，例如图10.2的左视图。

（2）假想画法　在装配图中，当需要表达某些运动零件的极限位置，或与相邻零、部件的安装连接关系时，可用双点画线画出其外形轮廓。如10.4主视图所示，三星轮系机构的手柄是按位置Ⅰ时绘制的，当手柄在极限位置Ⅱ、Ⅲ时，用双点画线绘制其轮廓线。其左视图，双点画线用来表达与该机构有安装关系的主轴箱。

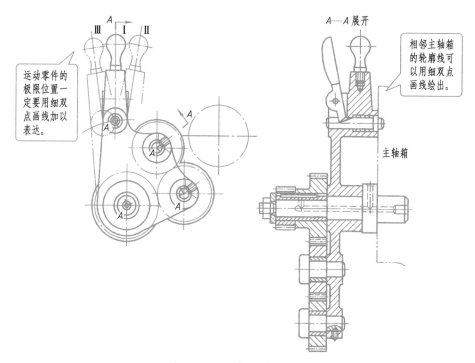

图10.4　三星轮系传动机构

（3）夸大画法　薄片零件、微小间隙等，若按其实际尺寸在装配图中很难画出或难以明显表示时，允许不按比例夸大画出。

（4）单独画法　即将某个零件单独表示。当需要重点表达某个零件，该零件的形状未能表达清楚时，可以采用此方法。

（5）展开画法　对于某些重叠的装配关系，如多级传动变速箱等，为了表达齿轮传动的顺序和装配关系，可以假想将重叠的空间轴系按传动顺序展开在一个平面上，按剖视画出，如图10.4左视图。这种表达方法类似于几个相交的剖切面剖切后的展开画法。

3. 装配图尺寸标注和技术要求

3.1　尺寸标注

装配图不同于零件图,装配图中不需要注出零件的全部尺寸,而是根据机器或部件的性能、工作原理、装配和安装的要求标注出必要的尺寸。具体有以下 5 类尺寸。

(1) 规格与性能尺寸　表示机器或部件性能、规格的尺寸,它是设计和选用机器或部件的依据。

(2) 装配尺寸　表示零件间的装配关系,用以保证机器或部件的工作精度和性能要求的尺寸。

(3) 外形尺寸　表示机器或部件的总长、总宽、总高的尺寸,为包装、运输和安装过程所占的空间大小提供数据。

(4) 安装尺寸　表示机器(或部件)安装到其他机器或地基上所需要的尺寸。

(5) 其他重要尺寸　表示在设计时确定而又不属于上述 4 类尺寸的一些重要尺寸,如运动零件的极限位置尺寸和主体零件的重要尺寸等。

必须指出,并非每一张装配图都具有上述 5 类尺寸,并且装配图上的一个尺寸有时兼有几种意义。因此,必须根据具体情况对装配图进行尺寸标注。

3.2　技术要求

在装配图中不需要标注粗糙度、几何公差,但一般要以文字形式注写有关装配体的装配方法、装配后应达到的技术指标、检验方法等技术要求。

4. 装配图的零件序号和明细栏

4.1　零件序号

装配图中所有的零部件均须编号,并且与明细栏或明细表中的内容一一对应,便于阅读装配图。相同的零部件只编一次号,不重复标注。

编号的方法如图 10.5 所示。应遵守以下规定:

(1) 指引线从零件轮廓内引出,指引端加一个小黑点,如果零件较薄或较小,也可以用箭头。数字写在横线上或圆圈内,同一图纸只能采用一种形式。

(2) 指引线如果需要弯折,最多只能折一次,如图 10.5(c)所示。

(3) 指引线之间不能互相交叉,当通过剖面区域时尽可能不与剖面线平行。

(4) 序号在图纸上应按顺时针或逆时针方向顺序排序,且水平方向或竖直方向互相对齐。

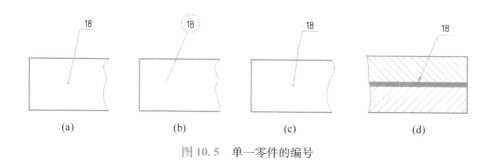

图 10.5　单一零件的编号

（5）当遇到如紧固件这类成组的零件时，编号方法如图 10.6 所示。

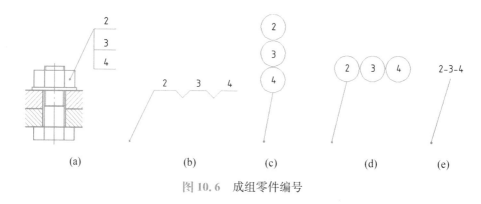

图 10.6　成组零件编号

4.2　明细栏

装配图中除了应有标题栏外还要有明细栏，明细栏位于标题栏的上方，按由下至上的顺序填写各已经编号零件的名称、代号等内容。

明细栏的格式已经标准化，在 GB/T 17852.2 中给出的明细栏的格式和尺寸如图 10.7 所示。

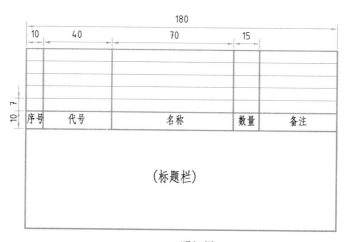

图 10.7　明细栏

明细栏中的"代号"就是零件标题栏中的"图样代号";如果是标准件,则应填标准件的标准代号,如"螺栓 GB/T 5782—2000 M12×80",则将"螺栓 M12×80"填入"名称"栏,将"GB/T 5782—2000"填入"代号"栏。

在"备注"栏中可填写必要的补充说明,如说明"外购"或"无图"等。

当明细栏中零件数量太多,可以用表格的形式单独画在一张图纸上作为装配图的续页给出,此时零件的填写方式是由上至下填写。

5. 常见装配结构

5.1　装配合理结构

5.1.1　接触面及配合面合理结构

两个零件以面接触时,在同一个方向只能有一个接触面,如图 10.8(a、b)所示的水平、垂直方向及图 10.8(c)所示的圆柱径向方向。以圆柱面接触时,接触面转折处应有倒角或圆角、退刀槽,当以锥面配合时,两零件的端面应有间隙,如图 10.8(d)所示。

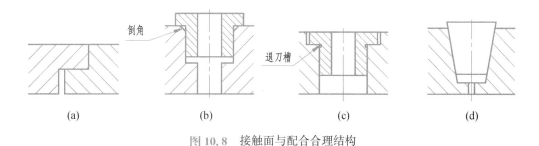

图 10.8　接触面与配合合理结构

5.1.2　螺纹连接的合理结构

为了使螺纹连接能拧紧,应在螺纹孔上做出倒角或凹坑,如图 10.9(a、b)所示,或在螺纹孔上留出退刀槽,如图 10.9(c)所示。

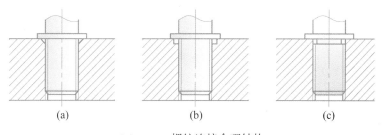

图 10.9　螺纹连接合理结构

为了拆装方面,应留下扳手空间和螺钉装拆空间,如图 10.10 所示。

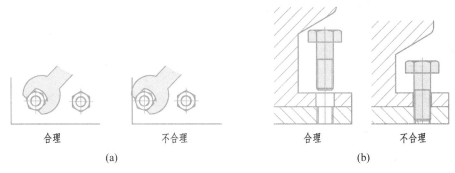

图 10.10　螺纹安装合理结构

5.1.3　销连接的合理结构

销连接要考虑拆装的方便和加工的方便。在可能的情况下销孔应做成通孔,如图 10.11 所示。

图 10.11　销连接合理结构

5.2　弹簧连接结构

在装配图中被弹簧挡住的结构一般不画,可见部分从弹簧的外轮廓线或从弹簧截面的中心线画起,如图 10.12(a)所示。当弹簧丝直径很小(一般小于 2 mm)时,可以用示意的画法画出,如图 10.12(b)所示。

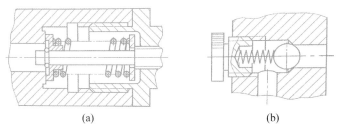

图 10.12　弹簧连接结构

5.3　防松结构

为了防止螺纹连接件在工作中松动,甚至螺母脱落,造成事故,在机器中常有一些防松结构,图 10.13 所示是几种常用防松结构。图 10.13(a)所示为双螺母锁紧;图 10.10(b)所示为用弹簧垫圈锁紧;图 10.13(c)所示为用制动垫片锁紧;图 10.13(d)所示为用开口销锁紧。

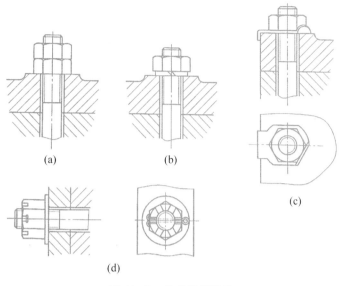

(a)

(b)

(c)

(d)

图 10.13 放松装置结构

5.4 密封与防漏结构

为了防止机器外面的灰尘等物质进入轴承,同时也防止轴承的润滑剂流出,在滚动轴承与外界接触的地方要使用密封结构。密封一般使用密封圈、毡圈等零件,它们有的已经标准化,可以从相关的标准中查到。图 10.14(a)是一种用毡圈密封的结构。

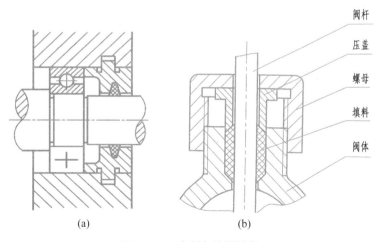

图 10.14 密封与防漏结构

阀、泵这类部件,通常在结构上要有防漏的装置或结构,以防止内部的液体泄漏出来。防漏的装置有很多,图 10.14(b)所示是其中一种,利用螺母通过压盖压紧填料从而起到防漏的作用。在绘图时应注意将压盖画在压填料的开始处,表示填料已经是满的。

6. 画 装 配 图

6.1　根据零件图拼画装配图

　　画装配图主要有两个途径：一是设计时画装配图，二是测绘机器（部件）画装配图。设计机器画装配图前，首先要根据设计要求，拟定结构方案，设计出装配关系和零件主要结构，画出装配图。测绘机器（部件）画装配图前，首先要了解机器（部件）的功用，测试其性能，拆装各零件，用示意图或简图方式记录各零件位置和装配关系，画出零件草图，再绘出装配图。后一种情况，也包括根据零件拼画装配图。

　　本小节以扣式悬置接头为例，说明以零件图拼画装配图，图 10.15 和 10.16 所示是接头的立体图和爆炸图，图 10.17～10.20 是其零件图，所用到的标准件为销 GB/T 91—2000 2.5×18，垫圈 GB/T 97.1—1985 10。

　　装配图如图 10.21 所示。

图 10.15　扣式悬置接头

图 10.16　扣式悬置接头爆炸图

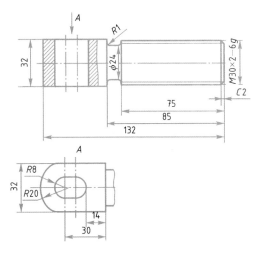

螺杆 Screw	比例 SCALE	1:1
	材料 MATL	45
（图　号） (DRAWING NUMBER)	数量 QTY	1

图 10.17　零件之一

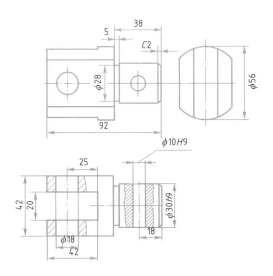

叉形杆 Forked Rod	比例 SCALE	1:1
	材料 MATL	45
（图　号） (DRAWING NUMBER)	数量 QTY	1

图 10.18　零件之二

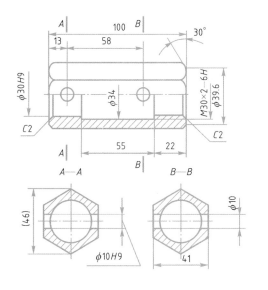

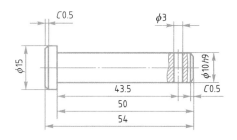

壳体 Body	比例 SCALR	1:1
	材料 MATL	45
(图 号) (DRAWING NUMBER)	数量 OTY	1

图 10.19 零件之三

销 Pin	比例 SCALR	1:1
	材料 MATL	45
(图 号) (DRAWING NUMBER)	数量 OTY	1

图 10.20 零件之四

6.2 画装配图的方法与步骤

6.2.1 拟定表达方案

表达方案包括选择主视图,确定视图数量和表达方法。

(1)主视图的选择一般按机器(部件)的工作位置确定,使主视图能够表示机器的工作原理、传动系统、零件间主要的装配关系。

(2)视图的数量和表达方法要根据部件的结构特点、复杂程度来选取,表达方法与视图数量一般是同时确定的。

本小节以齿轮油泵为例讲述从设计时画装配图的步骤,图 10.22 是其内部结构示意图。

如图 10.23 所示,主视图采用全剖视图,表达齿轮油泵的主要装配关系和工作原理。左视图采用沿泵盖和泵体结合面剖切的全剖视图,并在剖视图中采用"剖中剖"的局部剖视,表达工作原理、进出油孔,如图 10.24 所示。

俯视图采用局部剖视图表达尚未表示清楚的安全溢流装置,如图 10.25 所示。采用 A—A 局部剖视图表示内六角螺钉紧固泵盖及泵体,如图 10.26 所示。

6.2.2 画装配图的步骤

(1)确定画图比例、图幅,画出标题栏和明细栏范围,如图 10.27 所示。

(2)根据表达方案,画出主要基准线,即画出基本视图中齿轮轴和从动齿轮装配干线的轴线和中心线,如图 10.28 所示。

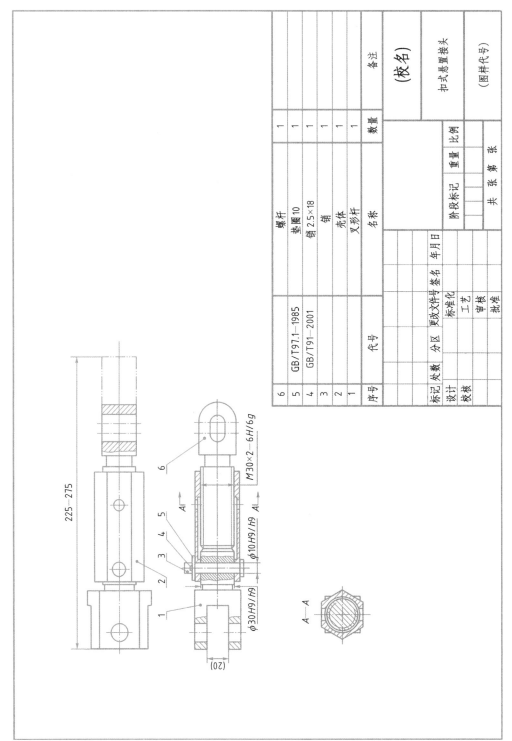

6			螺杆	1		备注
5	GB/T97.1—1985		垫圈 10	1		
4	GB/T91—2001		销 2.5×18	1		
3			销	1		
2			壳体	1		
1			叉形杆	1		
序号	代号		名称	数量		(校名)
标记	处数	分区	更改文件号	签名	年月日	扣式悬置接头
设计			标准化			
校核			工艺			阶段标记 重量 比例
			审核			
			批准			共 张 第 张
						(图样代号)

图 10.21　扣式悬置接头装配图

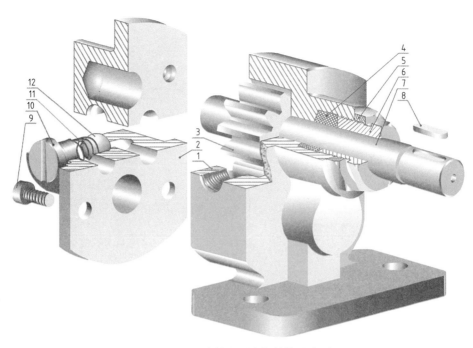

图 10.22　齿轮油泵内部结构示意图

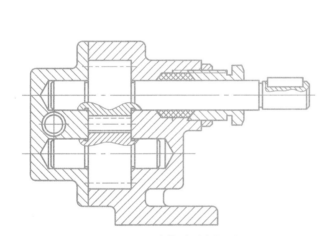

图 10.23　齿轮油泵主视图

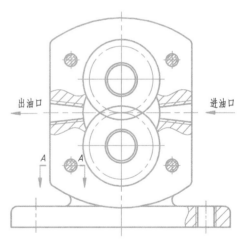

出油口　　　　　　进油口

图 10.24　齿轮油泵左视图

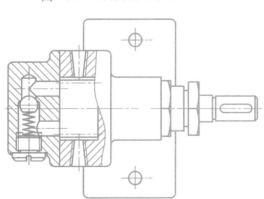

图 10.25　齿轮油泵俯视图

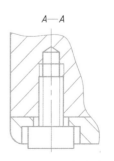

A—A

图 10.26　齿轮油泵螺钉紧固视图

图 10.27 图幅、标题栏、明细栏

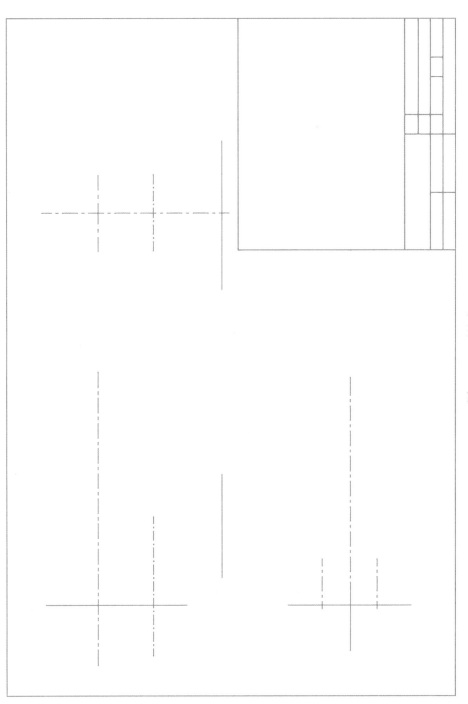

图 10.28 画基准

（3）从主视图画起，几个视图一起画。先画主要件，再画与之相邻的其他零件，逐步扩展到整个机器。这是由内向外的画法。也可以由外向内画，即先画机器的外部轮廓，然后按各组成零件的连接和装配关系逐步填充内部零件及相关细节。通常都是两种方法结合起来用。

（4）画齿轮啮合组件，画主要零件泵体，完成装配干线，如图 10.29 所示。

（5）处理图线，画泵盖、气门赛、弹簧；画细节；描深图线，如图 10.30 所示。

（6）画剖面符合，注意同一个零件剖面符号一致；标注尺寸；注写技术要求，标注零件序号，填写明细栏和标题栏。最终装配图如图 10.31 所示。

7. 看懂装配图和由装配图拆画零件图

读装配图的目的就是要看懂装配体的工作原理和装配关系，同时了解主要零件的结构、形状。看懂工作原理要求搞清机器（部件）是如何实现其作用，动力从哪里进入，是如何传递的，又从哪里传出；看懂装配关系要求搞清各零件是如何连接和固定的，拆卸、安装的顺序如何等。

7.1 读装配图的方法与步骤

读装配图的方法与读零件图的方法基本相同，即表达投影和视图。下面以顶尖座的装配图为例，说明读装配图的一般方法和步骤，如图 10.32 所示。

1. 了解概况

首先，阅读有关资料（如说明书等），看标题栏、明细栏和技术要求，了解顶尖座的功能和工作原理。其次，分析视图表达，分析全图的表达方法，为什么采用这种方法，分析各视图的投影关系，明确各视图表达内容。

如图 10.33 所示，顶尖座是铣床上的一个部件，用来支撑工件的另一端。因工件有大小和长短不同，故它工作时需要实现顶紧、升降和夹紧等功能的要求。因此零件的主要结构形状、装配连接关系等都是为了实现这些功能设计的。

为了表达该部件的结构形状和工作原理，装配图采用了 3 个基本视图、一个 K 视图、一个 B—B 剖视图和一个 C—C 剖视图。主视图表达了顶尖座的形状、工作原理和装配干线。俯视图表达了顶尖座的形状和定位板的固定情况。左视图表达了顶尖座的形状和顶尖升降转角结构的情况。B—B 剖视图表达夹紧结构，C—C 剖视图表达转角极限角度，K 视图说明锁紧螺栓活动范围。

2. 详细分析

（1）从主视图入手，根据机器（部件）的功能，分析零件间的装配关系以及零件的投影关系，并用零件剖视时其剖面线方向或间隔的不同，分清零件轮廓范围。

（2）由装配图上所注尺寸和配合代号了解零件间的配合关系。

（3）根据常见结构的表达方法来识别标准件、常用件、常见结构。

（4）根据零件的序号对照明细栏，找出零件的数量、材料、规格，了解每个零件的作用，确定零件的位置和范围。

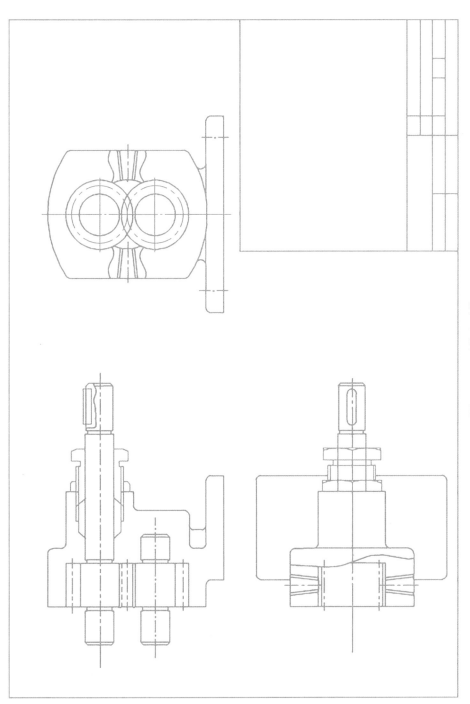

图 10.29　画装配干线

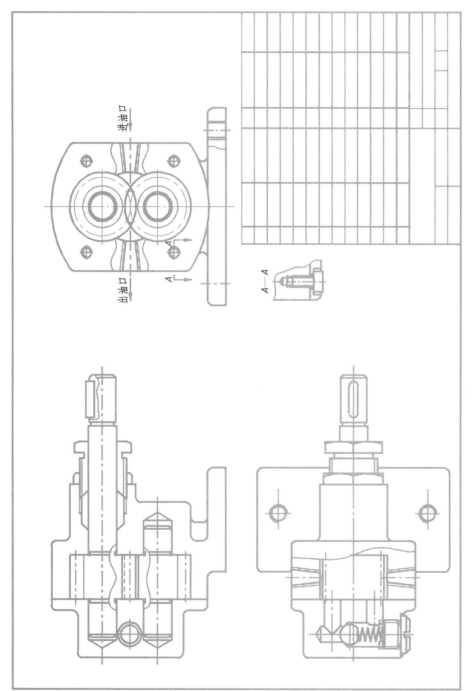

图 10.30　画细节

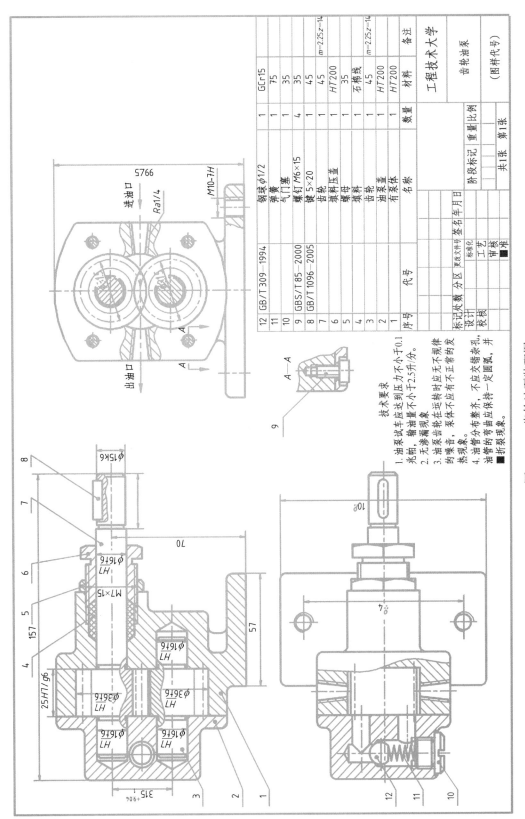

图 10.31 齿轮油泵装配图

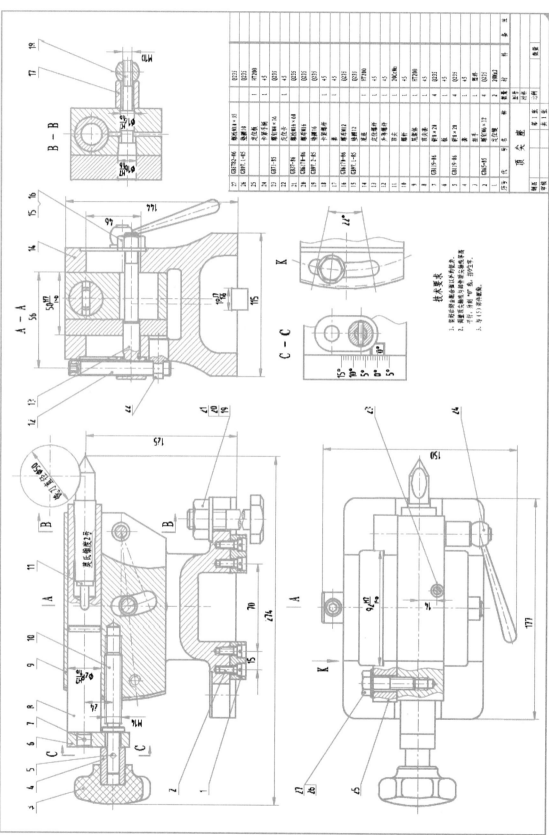

图 10.32　顶尖座装配图

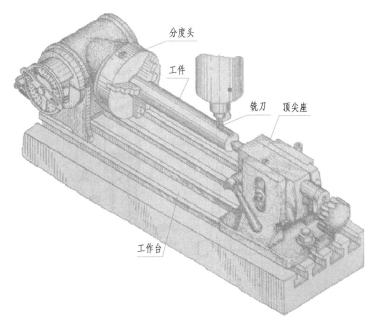

图 10.33　铣床

通过以上方法逐步看懂装配关系、拆卸顺序和零件的功能及主要结构形状。

3. 归纳总结

分析装配关系和零件的结构形状后,还应分析研究技术要求、所注尺寸,从而了解机器(部件)的设计意图和装配工艺性。经过归纳总结,加深了解,进一步看懂装配图,并为拆画零件图打下基础。例如,分析顶尖座装配关系和主要形状,得到图 10.34 和图 10.35 所示顶尖座爆炸图及顶尖座结构。

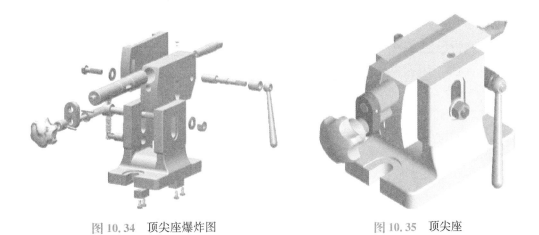

图 10.34　顶尖座爆炸图　　　　　图 10.35　顶尖座

7.2　由装配图拆画零件图

由装配图拆画出零件图是机器设计工作中重要的环节,是机器生产制造前的准备工作。

由装配图拆画零件图简称拆图。要拆图必须认真看装配图。看懂装配图,了解设计意图,弄清装配关系和零件结构形状是拆图的前提。而拆图时,要从设计、制造来考虑问题,使拆画出的零件图达到设计和工艺要求。

以拆画顶尖座的底座零件为例,介绍拆图的方法和步骤。

1. 分离零件

首先将零件从视图中假想分离出来,如图10.36所示,这些图线并不完整,有的还可能是其他零件的,此时要根据零件的作用及零件分类,想象其基本结构。因为零件是底座,因此是属于支架类零件,上面必然有起支承、定位、安装作用的结构。

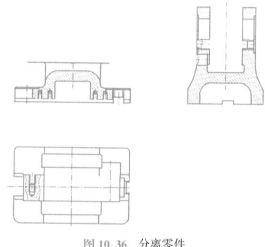

图 10.36 分离零件

2. 确定主视图,表达方法和局部结构

在想清零件基本结构的基础上,根据零件类型,选择主视图,有的可以直接用原装配图中的视图作为主视图方向,有的需要重新确定。本例准备直接采用装配图主视图的位置作为零件的主视图。

主视图可以以画内部结构为主,采用全剖视图表达安装孔的位置和结构。左视图采用全剖视图表达内部结构,俯视图采用全部画外形表达底板结构。再加局部放大图表示转角细小结构。

由于绘制装配图时,零件上的一些细小结构可能会省略,特别是一些工艺结构,此时应根据零件的作用和特点,补充这些结构,如倒角、铸造圆角等。

3. 标注尺寸

装配图中相对于零件图来讲尺寸不全,因此可以通过以下4个途径解决:

(1) 对于装配图上已经标注的尺寸,可以直接用。如果是配合尺寸,可以直接根据公差带代号查出尺寸偏差。

(2) 如果有标准结构,如键槽、轴承等,可以直接查表确定尺寸。

(3) 有的尺寸可以计算出来,如齿轮齿顶圆直径。

(4) 以上方法均无法确定的尺寸,可以从装配图上直接量取,按比例换算出来。

4. 标注技术要求

公差可以直接从图中的配合尺寸径查得来。粗糙度和几何公差及其他技术要求,则需要根据零件表面的作用及零件的功能来确定,这需要绘图者有相当的机械设计和制造基础。

5. 填写标题栏

标题栏中零件的名称、材料等内容可以从装配图中的标题栏、明细栏等资料。

最终的底座的零件图如图 10.37 所示。

练　习

读懂图 10.38 所示装配图,完成下列试题。

1. 工作原理

旋紧螺钉 2 可将定位器固定在车床导轨上。调整螺钉 5 伸出的距离来限制刀架移动的位置。调整螺钉 5 时,应先放松螺母 6,螺母 6 是防松的。

2. 试题

看懂定位器装配图拆画座板 1 和 5 螺钉的零件图,要求选用合适的表达方法表示形体,尺寸及表面粗糙度代号等均省略。

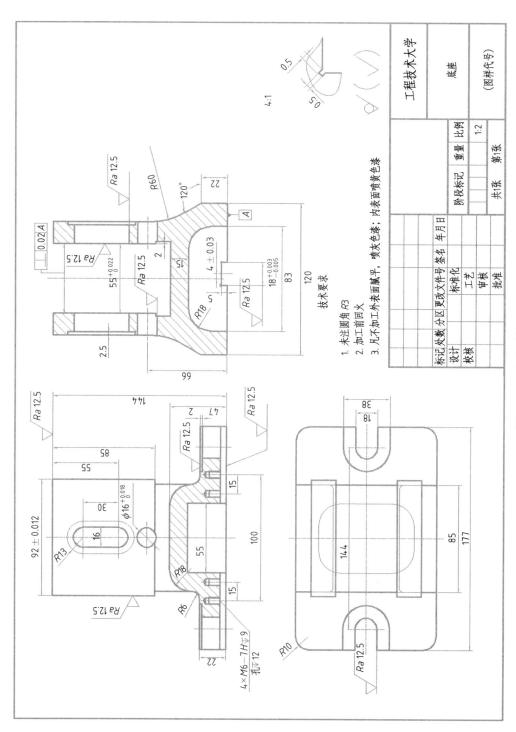

图 10.37 底座零件图

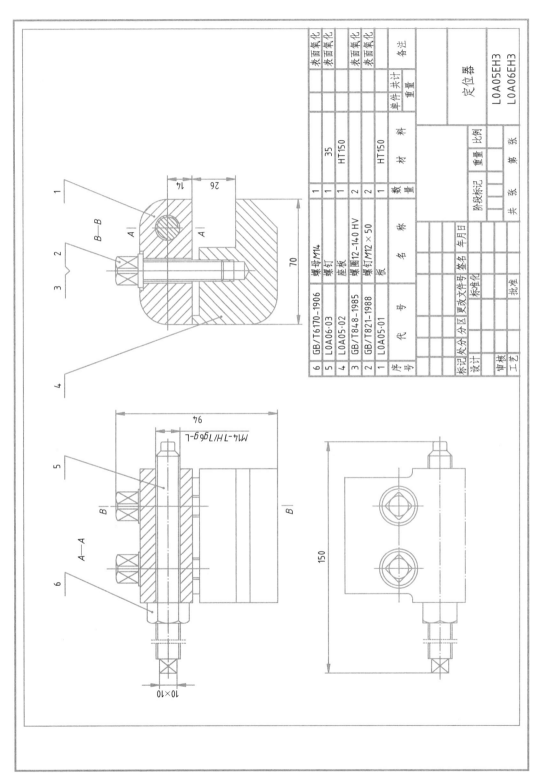

图 10.38　装配图

附　　录

1. 普通螺纹（GB/T 196—2003）

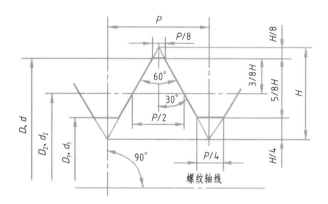

单位：mm

公称直径 D、d			螺距 P	中径 D_2、d_2	小径 D_1、d_1
第一系列	第二系列	第三系列			
3			0.5①	2.675	2.459
			0.35	2.773	2.621
	3.5		(0.6)①	3.110	2.850
			0.35	3.273	3.121
4			0.7①	3.545	3.242
			0.5	3.675	3.459
	4.5		(0.75)①	4.013	3.688
			0.5	4.175	3.959
5			0.8①	4.480	4.134
			0.5	4.675	4.459
		5.5	0.5	5.175	4.959
6			1①	5.350	4.917
			0.75	5.513	S.188

公称直径 D、d			螺距 P	中径 D_2、d_2	小径 D_1、d_1
第一系列	第二系列	第三系列			
	7		$1^①$	6.350	5.917
			0.75	6.513	6.188
8			$1.25^①$	7.188	6.647
			1	7.350	6.917
			0.75	7.513	7.188
		9	$(1.25)^①$	8.188	7.647
			1	8.350	7.917
			0.75	8.513	8.188
10			$1.5^①$	9.026	8.376
			1.25	9.188	8.647
			1	9.350	8.917
			0.75	9.513	9.188
		11	$(1.5)^①$	10.026	9.376
			1	10.350	9.917
			0.75	10.513	10.188
12			$1.75^①$	10.863	10.106
			1.5	11.026	10.376
			1.25	11.188	10.647
			1	11.350	10.917
	14		$2^①$	12.701	11.835
			1.5	13.026	12.376
			(1.25)	13.188	12.647
			1	13.350	12.917
		15	1.5	14.026	13.376
			(1)	14.350	13.917
16			$2^①$	14.701	13.835
			1.5	15.026	14.376
			1	15.350	14.917
		17	1.5	16.026	15.376
			(1)	16.350	15.917

续 表

公称直径 D、d			螺距 P	中径 D_2、d_2	小径 D_1、d_1
第一系列	第二系列	第三系列			
	18		2.5①	16.376	15.294
			2	16.701	15.835
			1.5	17.026	16.376
			1	17.350	16.917
20			2.5①	18.376	17.294
			2	18.701	17.835
			1.5	19.026	18.376
			1	19.350	18.917
	22		2.5①	20.376	19.294
			2	20.701	19.835
			1.5	21.026	20.376
			1	21.350	20.917
24			3①	22.051	20.752
			2	22.701	21.835
			1.5	23.026	22.376
			1	23.350	22.917
		25	2	23.701	22.835
			1.5	24.026	23.376
			(1)	24.350	23.917
		26	1.5	25.026	24.376
	27		3①	25.051	23.752
			2	25.701	24.835
			1.5	26.026	25.376
			1	26.350	25.917
		28	2	26.701	25.835
			1.5	27.026	26.376
			1	27.350	26.917

公称直径 D、d			螺距 P	中径 D_2、d_2	小径 D_1、d_1
第一系列	第二系列	第三系列			
30			3.5①	27.727	26.211
			(3)	28.051	26.752
			2	28.701	27.835
			1.5	29.026	28.376
			1	29.350	28.917

①为普通粗牙螺纹。

注：优先选用第一系列,尽可能不采用括号的规格,下同。

2. 梯形螺纹（GB/T 5796.1—2005、GB/T 5796.3—2005）

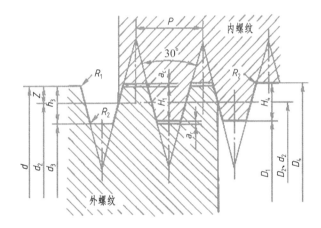

单位：mm

公称直径 d		螺距 P	中径 $d_2 = D_2$	大径 D_4	小径	
第一系列	第二系列				d_3	D_1
8		1.5	7.25	8.3	6.2	6.5
	9	1.5	8.25	9.3	7.2	7.5
		2	8.00	9.5	6.5	7.0
10		1.5	9.25	10.3	8.2	8.5
		2	9.00	10.5	7.5	8.0
	11	2	10.00	11.5	8.5	9.0
		3	9.50	11.5	7.5	8.0

公称直径 d		螺距 P	中径 $d_2=D_2$	大径 D_4	小径	
第一系列	第二系列				d_3	D_1
12		2	11.00	12.5	9.5	10.0
		3	10.50	12.5	8.5	9.0
	14	2	13	14.5	11.5	12
		3	12.5	14.5	10.5	11
16		2	15	16.5	13.5	14
		4	14	16.5	11.5	12
	18	2	17	18.5	15.5	16
		4	16	18.5	13.5	14
20		2	19	20.5	17.5	18
		4	18	20.5	15.5	16
	22	3	20.5	22.5	18.5	19
		5	19.5	22.5	16.5	17
		8	18	23	13	14
24		3	22.5	24.5	20.5	21
		5	21.5	24.5	18.5	19
		8	20	25	15	16
	26	3	24.5	26.5	22.5	23
		5	23.5	26.5	20.5	21
		8	22	27	17	18
28		3	26.5	28.5	24.5	25
		5	25.5	28.5	22.5	23
		8	24	29	19	20
	30	3	28.5	30.5	26.5	27
		6	27	31	23	24
		10	25	31	19	20
32		3	30.5	32.5	28.5	29
		6	29	33	25	26
		10	27	33	21	22

公称直径 d		螺距 P	中径 $d_2=D_2$	大径 D_4	小径	
第一系列	第二系列				d_3	D_1
	34	3	32.5	34.5	30.5	31
		6	31	35	27	28
		10	29	35	23	24
36		3	34.5	26.5	32.5	33
		6	33	27	29	30
		10	31	27	25	26
	38	3	36.5	38.5	34.5	35
		7	34.5	39	30	31
		10	33	39	27	28
40		3	38.5	40.5	36.5	37
		7	36.5	41	32	33
		10	35	41	29	30

3. 锯齿形(3°、30°)螺纹(GB/T 13576.3—2008)

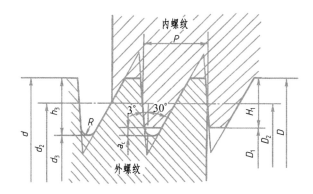

单位：mm

公称直径 d			螺距 P	中径 $d_2=D_2$	小径	
第一系列	第二系列	第三系列			d_3	D_1
10			2	8.500	6.529	7.000
			2	10.500	8.529	9.000
12			3	9.750	6.793	7.500
			2	12.500	10.529	11.000

续　表

公称直径 d			螺距 P	中径 $d_2 = D_2$	小径	
第一系列	第二系列	第三系列			d_3	D_1
	14		3	11.750	8.793	9.500
16			2	14.500	12.529	13.000
			4	13.500	9.058	10.000
	18		2	16.500	14.529	15.000
			4	15.000	11.058	12.000
20			2	18.500	16.529	17.000
			4	17.000	13.058	14.000
	22		3	19.750	16.793	17.500
			5	18.250	13.322	14.500
			8	16.000	8.116	10.000
24			3	21.750	18.793	19.500
			5	20.250	15.322	16.500
			8	18.000	10.116	12.000
	96		3	23.750	20.793	21.500
			5	22.250	17.322	18.500
			8	20.000	12.116	14.000
28			3	25.750	22.793	23.500
			5	24.750	19.322	20.500
			8	22.000	14.116	16.000
	30		3	27.750	24.793	25.500
			6	25.500	19.587	21.000
			10	22.500	12.645	15.000
32			3	29.750	26.793	27.500
			6	27.500	21.587	23.000
			10	24.500	14.645	17.000
	34		3	31.750	28.793	29.500
			6	29.500	23.587	25.000
			10	26.500	16.645	19.000
36			3	33.750	30.793	31.500
			6	31.500	25.587	27.000
			10	28.500	18.645	21.000

公称直径 d			螺距 P	中径 $d_2=D_2$	小径	
第一系列	第二系列	第三系列			d_3	D_1
	38		3	35.750	32.793	33.500
			7	32.750	25.851	27.500
			10	30.500	20.645	23.000
40			3	37.750	34.793	35.500
			7	34.750	27.851	29.500
			10	32.500	22.645	25.000

4. 非螺纹密封的管螺纹(GB/T 7307—2001)

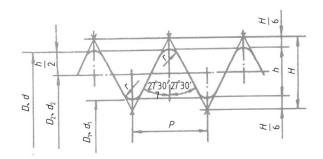

单位：mm

尺寸 代号	每 25.4 mm 内的牙数 n	螺距 P	牙高 h	圆弧 半径 $r\approx$	基本直径		
					大径 $d=D$	中径 $d_2=D_2$	小径 $d_1=D_1$
1/16	28	0.907	0.581	0.125	7.723	7.142	6.561
1/8	28	0.907	0.581	0.125	9.728	9.147	8.566
1/4	19	1.337	0.856	0.184	13.157	12.301	11.445
3/8	19	1.337	0.856	0.184	16.662	15.806	14.950
1/2	14	1.814	1.162	0.249	20.955	19.793	18.631
5/8	14	1.814	1.162	0.249	22.911	21.749	20.587
3/4	14	1.814	1.162	0.249	26.441	25.279	24.117
7/8	14	1.814	1.162	0.249	30.201	29.039	27.877

尺寸代号	每25.4 mm 内的牙数 n	螺距 P	牙高 h	圆弧半径 $r\approx$	基本直径		
					大径 $d=D$	中径 $d_2=D_2$	小径 $d_1=D_1$
1	11	2.309	1.479	0.317	33.249	31.770	30.291
1	11	2.309	1.479	0.317	37.897	36.418	34.939
1	11	2.309	1.479	0.317	41.910	40.431	38.952
1	11	2.309	1.479	0.317	47.803	46.324	44.845
1	11	2.309	1.479	0.317	53.746	52.267	50.788
2	11	2.309	1.479	0.317	59.614	58.135	56.656
2	11	2.309	1.479	0.317	65.710	64.231	62.752
2	11	2.309	1.479	0.317	75.184	73.705	72.226
2	11	2.309	1.479	0.317	81.534	80.055	78.576
3	11	2.309	1.479	0.317	87.884	86.405	84.926
3	11	2.309	1.479	0.317	100.330	98.851	97.372

5. 六角头螺栓(GB/T 5782—2000)

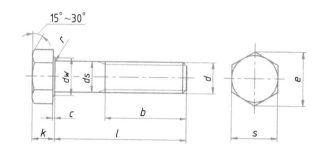

单位：mm

螺纹规格 d	螺距 P	b(参考)			c		d_s			d_w min	
		$l\leqslant$ 125	$125\leqslant l$ $\leqslant200$	$l\geqslant200$	max	min	公称= max	min		min	
								A级	B级	A级	B级
M1.6	0.35	9	15	28	0.25	0.10	1.60	1.46	1.35	2.27	2.3
M2	0.4	10	16	29	0.25	0.10	2.00	1.86	1.75	3.07	2.95
M2.5	0.45	11	17	30	0.25	0.10	2.50	2.36	2.25	4.07	3.95
M3	0.5	12	18	31	0.40	0.15	3.00	2.36	2.75	4.57	4.45

续　表

螺纹规格 d	螺距 P	b(参考)			c		d_s			d_w	
		$l \leqslant 125$	$125 \leqslant l \leqslant 200$	$l \geqslant 200$	max	min	公称=max	min		min	
								A 级	B 级	A 级	B 级
(M3.5)	0.6	13	19	32	0.40	0.15	3.50	3.32	3.20	5.07	4.95
M4	0.7	14	20	33	0.40	0.15	4.00	3.82	3.70	5.83	5.74
M5	0.8	16	22	35	0.50	0.15	5.00	4.82	4.70	6.88	6.74
M6	1	18	24	37	0.50	0.15	6.00	5.82	5.70	8.88	8.74
M8	1.25	22	28	41	0.60	0.15	8.00	7.78	7.64	11.63	11.47
M10	1.5	26	32	45	0.60	0.15	10.00	9.78	9.64	14.63	14.47
M12	1.75	30	36	49	0.60	0.15	12.00	11.73	11.57	16.63	16.47
(M14)	2	34	40	53	0.60	0.15	14.00	13.73	13.57	19.64	19.15
M16	2	38	44	57	0.8	0.2	16.00	15.73	15.57	22.49	22
(M18)	2.5	42	43	61	0.8	0.2	18.00	17.73	17.57	25.34	24.85
M20	2.5	46	52	65	0.8	0.2	20.00	19.67	19.48	28.19	27.7
(M22)	2.5	50	56	69	0.8	0.2	22.00	21.67	21.48	31.71	31.35
M24	3	54	60	73	0.8	0.2	24.00	23.67	23.48	33.61	33.25
(M27)	3	60	66	79	0.8	0.2	27.00	—	26.48	—	38
M30	3.5	66	72	35	0.8	0.2	30.00	—	29.48	—	42.75
(M33)	3.5	—	73	91	0.8	0.2	33.0	—	32.38	—	46.55
M36	4	—	84	97	0.8	0.2	36.00	—	35.38	—	51.11
(M39)	4	—	90	103	1.0	0.3	39.00	—	38.38	—	55.86
M42	4.5	—	96	109	1.0	0.3	42.00	—	41.38	—	59.95

单位：mm

螺纹规格 d	e_{min}		k					r min	s			l 的范围
	A 级	B 级	公称	A 级		B 级			公称=max	min		
				max	min	max	min			A 级	B 级	
M1.6	3.41	3.28	1.1	1.225	0.975	1.3	0.9	0.1	3.20	3.02	2.90	12～16
M2	4.32	4.13	1.4	1.525	1.275	1.6	1.2	0.1	4.00	3.82	3.70	16～20
M2.5	5.45	5.31	1.7	1.825	1.575	1.9	1.5	0.1	5.00	4.82	4.70	16～25
M3	6.01	5.33	2	2.125	1.875	2.2	1.8	0.1	5.50	5.32	5.20	20～30
(M3.5)	6.58	6.44	2.4	2.525	2.275	2.6	2.2	0.1	6.00	5.82	5.70	20～35
M4	7.66	7.50	2.8	2.925	2.675	3.0	2.6	0.2	7.00	6.78	6.64	25～40

螺纹规格 d	e_{min}		k					r min	s			l 的范围
	A 级	B 级	公称	A 级		B 级			公称 =max	min		
				max	min	max	min			A 级	B 级	
M5	8.79	8.63	3.5	3.65	3.35	3.26	2.35	0.2	8.00	7.78	7.64	25~50
M6	11.05	10.89	4	4.15	3.35	4.24	3.76	0.25	10.00	9.78	9.64	30~60
M8	14.38	14.20	5.3	5.45	5.15	5.54	5.06	0.4	13.00	12.73	12.57	40~80
M10	17.77	17.59	6.4	6.58	6.22	6.69	6.11	0.4	16.00	15.73	15.57	45~100
M12	20.03	19.85	7.5	7.68	7.32	7.79	7.21	0.6	18.00	17.73	17.57	50~120
(M14)	23.36	22.78	8.8	8.98	8.62	9.09	8.51	0.6	21.00	20.67	20.16	60~140
M16	26.75	26.17	10	10.18	9.82	10.29	9.71	0.6	24.00	23.67	23.16	65~60
(M18)	30.14	29.56	11.5	11.715	11.285	11.85	11.15	0.6	27.00	26.67	26.16	70~180
M20	33.53	32.95	12.5	12.715	12.285	12.85	12.15	0.8	30.00	29.67	29.16	80~200
(M22)	37.72	37.29	14	14.215	13.785	14.35	13.65	0.8	34.00	33.38	33.00	90~220
M24	39.98	39.55	15	15.215	14.785	15.35	14.65	0.8	36.00	35.38	35.00	90~240

l 的系列值：12，16，20，25，30，35，40，45，50，55，60，65，75，80，90，100，110，120，130，140，150，160，180，200，220，240，260，280，300，320，340，360，380，400，420，440，460，480，500。

6. 双头螺柱（GB/T 897—1988、GB/T 898—1988、GB/T 899—1988、GB/T 900—1988）

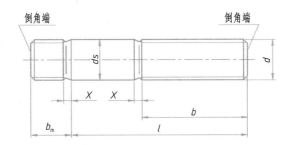

单位：mm

螺纹规格 d	b_m				ds	l/b
	GB/T 897	GB/T 898	GB/T 899	GB/T 900		
M5	5	6	8	10	5	16~22/10，25~50/16
M6	6	8	10	12	6	20~22/10，25~30/14，32~75/18
M8	8	10	12	16	8	20~22/12，25~30/16，32~90/22

螺纹规格 d	b_{m}				ds	l/b
	GB/T 897	GB/T 898	GB/T 899	GB/T 900		
M10	10	12	15	20	10	25～28/14，30～38/16，40～120/26，130/32
M12	12	15	18	24	12	25～30/16，32～40/20，45～120/30，130～180/36
(M14)	14	18	21	28	14	30～35/18，38～50/25，55～120/34，130～180/40
M16	16	20	24	32	16	30～35/20，40～55/30，60～120/38，130～200/44
(M18)	18	22	27	36	18	35～40/22，45～60/35，65～120/42，130～200/48
M20	20	25	30	40	20	35～40/25，45～65/35，70～120/46，130～200/52
(M22)	22	28	33	44	22	40～55/30，50～70/40，75～120/50，130～200/56
M24	24	30	36	48	24	45～50/30，55～75/45，80～120/54，130～200/60
(M27)	27	35	40	54	27	50～60/35，65～85/50，90～120/60，130～200/66
M30	30	38	45	60	30	60～65/40，70～90/50，95～120/66，130～200/72
(M33)	33	41	49	66	33	65～70/45，75～95/60，100～120/72，130～200/78
M36	36	45	54	72	36	65～75/45，80～110/60，130～200/84，210～300/97
(M39)	39	49	58	78	39	70～80/50，85～120/65，120/90，210～300/103
M42	42	52	64	84	42	70～80/50，85～120/70，130～200/96，210～300/109
M48	48	60	72	96	48	80～90/60，95～110/80，130～200/108，210～300/121

l 的系列值：16，(18)，20，(22)，25，(28)，30，(32)，35，(38)，40，45，50，(55)，60，(65)，70，(75)，80，(85)，90，(95)，100，110，120，130，140，150，160，170，180，190，200，210，220，230，240，250，260，270，280，290，300。

7. 开槽圆柱头螺钉（GB/T 65—2000）

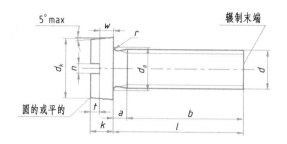

单位：mm

螺纹规格 d	螺距 P	a		b	d_k		d_a	k		n			r	t	w	l 的范围
		max	min		公称=max	min	max	公称=max	min	公称	max	min	min	min	min	
M1.6	0.35	0.7	25		3.00	2.86	2	1.10	0.96	0.4	0.60	0.46	0.1	0.45	0.4	2～16
M2	0.4	0.8	25		3.80	3.62	2.6	1.40	1.26	0.5	0.70	0.56	0.1	0.6	0.5	3～20
M2.5	0.45	0.9	25		4.50	4.32	3.1	1.80	1.66	0.6	0.80	0.66	0.1	0.7	0.7	3～25
M3	0.5	1	25		5.50	5.32	3.6	2.00	1.86	0.8	1.00	0.86	0.1	0.85	0.75	4～30
(M3.5)	0.6	1.2	38		6.00	5.82	4.1	2.40	2.26	1	1.20	1.06	0.1	1	1	5～35
M4	0.7	1.4	38		7.00	6.78	4.7	2.60	2.46	1.2	1.51	1.26	0.2	1.1	1.1	5～40
M5	0.8	1.6	38		8.50	8.28	5.7	3.30	3.12	1.2	1.51	1.26	0.2	1.3	1.3	6～50
M6	1	2	38		10.00	9.78	6.8	3.9	3.6	1.6	1.91	1.66	0.25	1.6	1.6	8～60
M8	1.25	2.5	38		13.00	12.73	9.2	5.0	4.7	2	2.31	2.06	0.4	2	2	10～80
M10	1.5	3	38		16.00	15.73	11.2	6.0	5.7	2.5	2.81	2.56	0.4	2.4	2.4	12～80

公称长度 l 的系列值：2，3，4，5，6，8，10，12，(14)，16，20，25，30，35，40，45，50，(55)，60，(65)，70，(75)，80。

8. 开槽沉头螺钉（GB/T 68—2000）

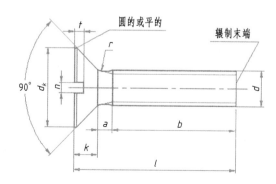

242

单位：mm

螺纹规格 d	螺距 P	a		b	d_k	k	n			r	t		l 的范围
		max	min		理论值 max	公称= max	公称	max	min	max	max	min	
M1.6	0.35	0.7	25		3.6	1	0.4	0.60	0.46	0.4	0.50	0.32	2.5～16
M2	0.4	0.8	25		4.4	1.2	0.5	0.70	0.56	0.5	0.6	0.4	3～20
M2.5	0.45	0.9	25		5.5	1.5	0.6	0.80	0.66	0.6	0.75	0.50	4～25
M3	0.5	1	25		6.3	1.65	0.8	1.00	0.86	0.8	0.85	0.60	5～30
(M3.5)	0.6	1.2	38		8.2	2.35	1	1.20	1.06	0.9	1.2	0.9	6～35
M4	0.7	1.4	38		9.4	2.7	1.2	1.51	1.26	1	1.3	1.0	6～40
M5	0.8	1.6	38		10.4	2.7	1.2	1.51	1.26	1.3	1.4	1.1	8～50
M6	1	2	38		12.6	3.3	1.6	1.91	1.66	1.5	1.6	1.2	8～60
M8	1.25	2.5	38		17.3	4.65	2	2.31	2.06	2	2.3	1.8	10～80
M10	1.5	3	38		20	5	2.5	2.81	2.56	2.5	2.6	2.0	12～80

l 的系列值：2.5、3、4、5、6、8、10、12、(14)、16、20、25、30、35、40、45、50、(55)、60、(65)、70、(75)、80。

9. 内六角圆柱头螺钉（GB/T 70.1—2008）

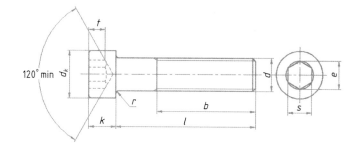

单位：mm

规格 d	螺距 P	b参考	d_k			e	k		r	s	t	l 的范围
			max		min	min[①]	max	min	min	公称	min	
			对光滑头部	对滚花头部								
M1.6	0.35	15	3.00	3.14	2.86	1.73	1.60	1.46	0.1	1.5	0.7	2.5～16
M2	0.4	16	3.80	3.98	3.62	1.73	2.00	1.86	0.1	1.5	1	3～20
M2.5	0.45	17	4.50	4.68	4.32	2.3	2.50	2.36	0.1	2	1.1	4～25
M3	0.5	18	5.50	5.68	5.32	2.87	3.00	2.86	0.1	2.5	1.3	5～30
M4	0.7	20	7.00	7.22	6.78	3.44	4.00	3.82	0.2	3	2	6～40

规格 d	螺距 P	$b_{参考}$	d_k max 对光滑头部	d_k max 对滚花头部	d_k min	e min[①]	k max	k min	r min	s 公称	t min	l 的范围
M5	0.8	22	8.50	8.72	8.28	4.58	5.00	4.82	0.2	4	2.5	8～50
M6	1	24	10.00	10.22	9.78	5.72	6.0	5.7	0.25	5	3	10～60
M8	1.25	28	13.00	13.27	12.73	6.86	8.00	7.64	0.4	6	4	12～80
M10	1.5	32	16.00	16.27	15.73	9.15	10.00	9.64	0.4	8	5	16～100
M12	1.75	36	18.00	18.27	17.73	11.43	12.00	11.57	0.6	10	6	20～120
(M14)	2	40	21.00	21.33	20.67	13.72	14.00	13.57	0.6	12	7	25～140
M16	2	44	24.00	24.33	23.67	16	16.00	15.57	0.6	14	8	25～160
M20	2.5	52	30.00	30.33	29.67	19.44	20.00	19.48	0.8	17	10	30～200
M24	3	60	36.00	36.39	35.61	21.73	24.00	23.48	0.8	19	12	40～200
M30	3.5	72	45.00	45.39	44.61	25.15	30.00	29.48	1	22	15.5	45～200
M36	4	84	54.00	54.46	53.54	30.85	36.00	35.38	1	27	19	55～200
M42	4.5	96	63.00	63.46	62.54	36.57	42.00	41.38	1.2	32	24	60～300

l 的系列值：2.5，3，4，5，6，8，10，12，16，20，25，30，35，40，45，50，55，60，65，70，80，90，100，110，120，130，140，150，160，180，200，220，240，260，280，300。

① $e_{min}=1.14 s_{min}$。

10. 六角螺母 C 级(GB/T 41—2000)

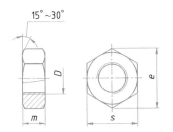

单位：mm

螺纹规格 D	螺距 P	e min	m max	m min	s 公称＝max	s min
M5	0.8	8.63	5.6	4.4	8	7.64
M6	1	10.89	6.4	4.9	10	9.64
M8	1.25	14.20	7.9	6.4	13	12.57

螺纹规格 D	螺距 P	e min	m		s	
			max	min	公称＝max	min
M10	1.5	17.59	9.5	8	16	15.57
M12	1.57	19.85	12.2	10.4	18	17.57
(M14)	2	22.78	13.9	12.1	21	20.16
M16	2	26.17	15.9	14.1	24	23.16
(M18)	2.5	29.56	16.9	15.1	27	26.16
M20	2.5	32.95	19	16.9	30	29.16
(M22)	2.5	37.29	20.2	18.1	34	33
M24	3	39.55	22.3	20.2	36	35
(M27)	3	45.2	24.7	22.6	41	40
M30	3.5	50.85	26.4	24.3	46	45
(M33)	3.5	55.37	29.5	27.4	50	49
M36	4	60.79	31.9	29.4	55	53.8
(M39)	4	66.44	34.3	31.8	60	58.8
M42	4.5	71.3	34.9	32.4	65	63.1
(M45)	4.5	76.95	36.9	34.4	70	68.1
M48	5	82.6	38.9	36.4	75	73.1
(M52)	5	88.25	42.9	40.4	80	78.1
M56	5.5	93.56	45.9	43.4	85	82.8
(M60)	5.5	99.21	48.9	46.4	90	87.8
M64	6	104.86	52.4	49.4	95	92.8

11. 平垫圈(GB/T 95—2002、GB/T 97.1—2002)

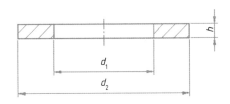

平垫圈—C 级(GB/T 95—2002)

单位：mm

公称规格 （螺纹大径 d）	内径 d_1 公称 （min）	外径 d_2 公称 （max）	厚度 h		$m \approx$ kg/1 000 件钢制品
			公称	max	
1.6	1.8	4	0.3	0.4	0.024
2	2.4	5	0.3	0.4	0.036
2.5	2.9	6	0.5	0.6	0.085
3	3.4	7	0.5	0.6	0.115
3.5	3.9	8	0.5	0.6	0.150
4	4.5	9	0.8	1.0	0.300
5	5.5	10	1	1.2	0.430
6	6.6	12	1.6	1.9	0.991
8	9	16	1.6	1.9	1.73
10	11	20	2	2.3	3.44
12	13.5	24	2.5	2.8	6.07
14	15.5	28	2.5	2.8	8.38
16	17.5	30	3	3.6	10.98
18	20	34	3	3.6	13.98
20	22	37	3	3.6	16.37
22	24	39	3	3.6	17.48
24	26	44	4	4.6	31.07
27	30	50	4	4.6	39.46
30	33	56	4	4.6	50.48
33	36	60	5	6	71.02
36	39	66	5	6	87.39
39	42	72	6	7	126.5
42	45	78	8	9.2	200.2

平垫圈—A 级(GB/T 97.1—2002)

单位：mm

公称规格 （螺纹大径 d）	内径 d_1 公称 （min）	外径 d_2 公称 （max）	厚度 h		$m \approx$ kg/1 000 件钢制品
			公称	max	
1.6	1.7	4	0.3	0.35	0.024
2	2.2	5	0.3	0.35	0.037
2.5	2.7	6	0.5	0.55	0.088
3	3.2	7	0.5	0.55	0.119
4	4.3	9	0.8	0.9	0.308
5	5.3	10	1	1.1	0.443
6	6.4	12	1.6	1.8	1.02
8	8.4	16	1.6	1.8	1.83
10	10.5	20	2	2.2	3.57
12	13	24	2.5	2.7	6.27
(14)	15	28	2.5	2.7	8.62
16	17	30	3	3.3	11.30
(18)	19	34	3	3.3	14.70
20	21	37	3	3.3	17.16
(22)	23	39	3	3.3	18.35
24	25	44	4	4.3	32.33
(27)	28	50	4	4.3	42.32
30	31	56	4	4.3	53.64
(33)	34	60	5	5.6	75.34
36	37	66	5	5.6	92.09
(39)	42	70	6	6.6	126.5
42	45	78	8	9	200.2

12. 标准型弹簧垫圈（GB/T 93—1987）

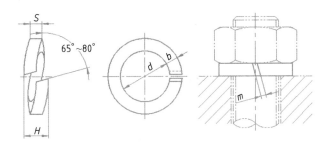

单位：mm

规格 （螺纹大径）	d		$S(b)$			H		$m\leqslant$
	min	max	公称	min	max	min	max	
2	2.1	2.35	0.5	0.42	0.58	1	1.25	0.25
2.5	2.6	2.85	0.65	0.57	0.73	1.3	1.63	0.33
3	3.1	3.4	0.8	0.7	0.9	1.6	2	0.4
4	4.1	4.4	1.1	1	1.2	2.2	2.75	0.55
5	5.1	5.4	1.3	1.2	1.4	2.6	3.25	0.65
6	6.1	6.68	1.6	1.5	1.7	3.2	4	0.8
8	8.1	8.68	2.1	2	2.2	4.2	5.25	1.05
10	10.2	10.9	2.6	2.45	2.75	5.2	6.5	1.3
12	12.5	12.9	3.1	2.95	3.25	6.2	7.75	1.55
(14)	14.2	14.9	3.6	3.4	3.8	7.2	9	1.8
16	16.2	16.9	4.1	3.9	4.3	8.2	10.25	2.05
(18)	18.2	19.04	4.5	4.3	4.7	9	11.25	2.25
20	20.2	21.04	5	4.8	5.2	10	12.5	2.5
(22)	22.5	23.34	5.5	5.3	5.7	11	13.75	2.75
24	24.5	25.5	6	5.8	6.2	12	15	3
(27)	27.5	28.5	6.8	6.5	7.1	13.6	17	3.4
30	30.5	31.5	7.5	7.2	7.8	15	18.75	3.75
(33)	33.5	34.7	8.5	8.2	8.8	17	21.25	4.25
36	36.5	37.7	9	8.7	9.3	18	22.5	4.5
(39)	39.5	40.7	10	9.7	10.3	20	25	5
42	42.5	43.7	10.5	10.2	10.8	21	26.25	5.25

13. 平键键槽的尺寸与公差与尺寸形式（GB/T 1095—2003、GB/T 1096—2003）

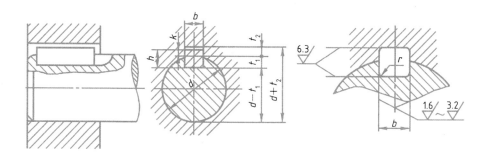

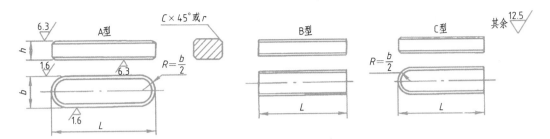

标记示例：

$b=16$ mm，$h=10$ mm，$L=100$ mm，普通 A 型平键，标记为　GB/T 1096 键 16×10×100

$b=16$ mm，$h=10$ mm，$L=100$ mm，普通 B 型平键，标记为　GB/T 1096 键 B16×10×100

$b=16$ mm，$h=10$ mm，$L=100$ mm，普通 C 型平键，标记为　GB/T 1096 键 C16×10×100

单位：mm

轴的公称直径 d	键尺寸 $b×h$	键槽									
		宽度 b						深度			
		基本尺寸	极限偏差					轴 t_1		毂 t_2	
			松连接		正常连接		紧密连接	基本尺寸	极限偏差	基本尺寸	极限偏差
			轴 H9	毂 D10	轴 N9	毂 JS9	轴和毂 P9				
6～8	2×2	2	+0.025 0	+0.060 +0.020	−0.004 −0.029	±0.012 5	−0.006 −0.031	1.2	+0.1 0	1.0	+0.1 0
>8～10	3×3	3						1.8		1.4	
>10～12	4×4	4	+0.030 0	+0.078 +0.030	0 −0.030	±0.015	−0.012 −0.042	2.5		1.8	
>12～17	5×5	5						3.0		2.3	
>17～22	6×6	6						3.5		2.8	
>22～30	8×7	8	+0.036 0	+0.098 +0.040	0 −0.036	±0.018	−0.015 −0.051	4.0		3.3	
>30～38	10×8	10						5.0		3.3	
>38～44	12×8	12	+0.043 0	+0.120 +0.050	0 −0.043	±0.021 5	−0.018 −0.061	5.0	+0.2 0	3.3	+0.2 0
>44～50	14×9	14						5.5		3.8	
>50～58	16×10	16						6.0		4.3	
>58～65	18×11	18						7.0		4.4	
>65～75	20×12	20	+0.052 0	+0.149 +0.065	0 −0.052	±0.026	−0.022 −0.074	7.5		4.9	
>75～85	22×14	22						9.0		5.4	
>85～95	25×14	25						9.0		5.4	
>95～110	28×16	28						10.0		6.4	

14. 半圆键键槽的尺寸与公差（GB/T 1098—2003）

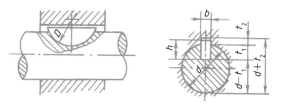 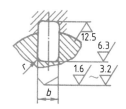

单位：mm

键尺寸 $b×h×D$	键槽								
	宽度 b						深度		
	基本尺寸	极限偏差					轴 t_1		毂 t_2
		正常连接		紧密连接	松连接		基本尺寸	极限偏差	基本尺寸	极限偏差
		轴 N9	毂 JS9	轴和毂 P9	轴 H9	毂 D10				
$1×1.4×4$ $1×1.1×4$	1						1.0		0.6	
$1.5×2.6×7$ $1.5×2.1×7$	1.5						2.0		0.8	
$2×2.6×7$ $2×2.1×7$	2						1.8	$+0.1 \atop 0$	1.0	
$2×3.7×10$ $2×3×10$	2	$-0.004 \atop -0.029$	$±0.012\,5$	$-0.006 \atop -0.031$	$+0.025 \atop 0$	$+0.060 \atop +0.020$	2.9		1.0	$+0.1 \atop 0$
$2.5×3.7×10$ $2.5×3×10$	2.5						2.7		1.2	
$3×5×13$ $3×4×13$	3						3.8	$+0.2 \atop 0$	1.4	
$3×6.5×16$ $3×5.2×16$	3						5.3		1.4	

15. 圆柱销（GB/T 119.2—2000）

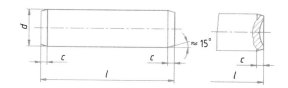

单位：mm

d	1	1.5	2	2.5	3	4	5	6	8	10	12	16	20
$c\approx$	0.2	0.3	0.35	0.4	0.5	0.63	0.8	1.2	1.6	2	2.5	3	3.5
l的范围	3~10	4~16	5~20	6~24	8~30	10~40	12~50	14~60	18~80	22~100	26~100	40~100	50~100

l的系列值：3，4，5，6，8，10，12，14，16，18，20，22，24，26，28，30，32，35，40，45，50，55，60，65，70，75，80，85，90，95，100。

16. 圆锥销（GB/T 117—2000）

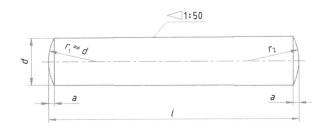

单位：mm

d	0.6	0.8	1	1.2	1.5	2	2.5	3	4	5
$a\approx$	0.08	0.1	0.12	0.16	0.2	0.25	0.3	0.4	0.5	0.63
l的范围	4~8	5~12	6~16	6~20	8~24	10~35	10~35	12~45	14~55	18~60

l的系列值：3，4，5，6，8，10，12，14，16，18，20，22，24，26，28，30，32，35，40，45，50，55，60。

17. 开口销（GB/T 91—2000）

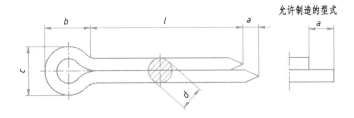

单位：mm

公称规格	d		a		b	c		适用的直径				l的范围
								螺栓		U形销		
	max	min	max	min	$\approx$	max	min	$>$	$\leqslant$	$>$	$\leqslant$	
0.6	0.5	0.4	1.6	0.8	2	1.0	0.9	—	2.5	—	2	4~12
0.8	0.7	0.6	1.6	0.8	2.4	1.4	1.2	2.5	3.5	2	3	5~16
1	0.9	0.8	1.6	0.8	3	1.8	1.6	3.5	4.5	3	4	6~20
1.2	1.0	0.9	2.50	1.25	3	2.0	1.7	4.5	5.5	4	5	8~25

公称规格	d		a		b	c		适用的直径				l 的范围
								螺栓		U形销		
	max	min	max	min	≈	max	min	>	≤	>	≤	
1.6	1.4	1.3	2.50	1.25	3.2	2.8	2.4	5.5	7	5	6	8～32
2	1.8	1.7	2.50	1.25	4	3.6	3.2	7	9	6	8	10～40
2.5	2.3	2.1	2.50	1.25	5	4.6	4.0	9	11	8	9	12～50
3.2	2.9	2.7	3.2	1.6	6.4	5.8	5.1	11	14	9	12	14～63
4	3.7	3.5	4	2	8	7.4	6.5	14	20	12	17	18～80
5	4.6	4.4	4	2	10	9.2	8.0	20	27	17	23	22～100
6.3	5.9	5.7	4	2	12.6	11.8	10.3	27	39	23	29	32～125
8	7.5	7.3	4	2	16	15.0	13.1	39	56	29	44	40～100
10	9.5	9.3	6.30	3.15	20	19.0	16.6	56	80	44	69	45～200

l 的系列值：4，5，6，8，10，12，14，16，18，20，22，25，28，32，36，40，45，50，56，63，71，80，90，100，112，125，140，160，180，200。

18. 渐开线圆柱齿轮模数(GB/T 1357—1987、ISO 54—1996)

$m<1.0$		$m≥1.0$							
系列		系列		系列		系列		系列	
Ⅰ	Ⅱ	Ⅰ	Ⅱ	Ⅰ	Ⅱ	Ⅰ	Ⅱ	Ⅰ	Ⅱ
0.1		0.4		1					
					1.125		4.5		14
0.12		0.5		1.25		5		16	
					1.375		5.5		18
0.15		0.6		1.5		6		20	
					1.75		(6.5)		22
0.2			0.7	2				25	
					2.25		7		28
0.25		0.8		2.5		8		32	
					2.75		9		36
0.3			0.9	3		10		40	
					3.5		11		45
	0.35			4		12		50	

注：1. GB/T 1357—1987 中，没有 1.125、1.375；而有(3.25)、(3.75)。

　　2. ISO 54—1996 中，没有 $m<1.0$ 的 13 个数据。

19. 轴的基本偏差值（GB/T 1800.1—2009）

（单位：μm）

公称尺寸/mm	基本偏差																
	上极限偏差 es（所有公差等级）												下极限偏差 ei				
	a	b	c	cd	d	e	ef	f	fg	g	h	js	j 5~6	j 7	j 8	k 4~7	k ≤3 / >1
≤3	−270	−140	−60	−34	−20	−14	−10	−6	−4	−2	0		−2	−4	−6	0	0
>3~6	−270	−140	−70	−46	−30	−20	−14	−10	−6	−4	0		−2	−4	—	+1	0
>6~10	−280	−150	−80	−56	−40	−25	−18	−13	−8	−5	0		−2	−5	—	+1	0
>10~14	−290	−150	−95	—	−50	−32	—	−16	—	−6	0		−3	−6	—	+1	0
>14~18												偏差等于 ±$\frac{IT}{2}$					
>18~24	−300	−160	−110	—	−65	−40	—	−20	—	−7	0		−4	−8	—	+2	0
>24~30																	
>30~40	−310	−170	−120	—	−80	−50	—	−25	—	−9	0		−5	−10	—	+2	0
>40~50	−320	−180	−130														
>50~65	−340	−190	−140	—	−100	−60	—	−30	—	−10	0		−7	−12	—	+2	0
>65~80	−360	−200	−150														
>80~100	−380	−220	−170	—	−120	−72	—	−36	—	−12	0		−9	−15	—	+3	0
>100~120	−410	−240	−180														
>120~140	−460	−260	−200	—	−145	−85	—	−43	—	−14	0		−11	−18	—	+3	0
>140~160	−520	−280	−210														
>160~180	−580	−310	−230														
>180~200	−660	−340	−240	—	−170	−100	—	−50	—	−15	0		−13	−21	—	+4	0
>200~225	−740	−380	−260														
>225~250	−820	−420	−280														

续　表

基本偏差

公称尺寸/mm	上极限偏差 es（所有公差等级）												下极限偏差 ei			
	a	b	c	cd	d	e	ef	f	fg	g	h	js	j 5~6	j 7	k 4~7	k ≤3 / >1
>250~280	−290	−480	−300	—	−190	−110	—	−56	—	−17	0		−16	−26	+4	0
>280~315	−1 050	−540	−330													
>315~355	−1 200	−600	−360	—	−210	−125	—	−62	—	−18	0		−18	−28	+4	0
>355~400	−1 350	−680	−400													
>400~450	−1 500	−760	−440	—	−230	−135	—	−68	—	−20	−0		−20	−32	+5	0
>450~500	−1 650	−840	−480													

基本偏差

公称尺寸/mm	下极限偏差 ei（所有公差等级）														
	m	n	p	r	s	t	u	v	x	y	z	za	zb	zc
≤3	+2	+4	+6	+10	+14	—	+18	—	+20	—	+26	+32	+40	+60
>3~6	+4	+8	+12	+15	+19	—	+23	—	+28	—	+35	+42	+50	+80
>6~10	+6	+10	+15	+19	+23	—	+28	—	+34	—	+42	+52	+67	+97
>10~14	+7	+12	+18	+23	+28	—	+33	—	+40	—	+50	+64	+90	+130
>14~18								+39	+45	—	+60	+77	+108	+150
>18~24	+8	+15	+22	+28	+35	—	+41	+47	+54	+63	+73	+98	+136	+188
>24~30						+41	+48	+55	+64	+75	+88	+118	+160	+218
>30~40	+9	+17	+26	+34	+43	+48	+60	+68	+80	+94	+112	+148	+220	+274
>40~50						+54	+70	+81	+97	+114	+136	180	+242	+325

续 表

公称尺寸/mm	基本偏差 下极限偏差 ei 所有公差等级													
	m	n	p	r	s	t	u	v	x	y	z	za	zb	zc
>50~65	+11	+20	+32	+41	+53	+66	+87	+102	+122	+144	+172	+226	+300	+405
>65~80				+43	+59	+75	+102	+120	+146	+174	+210	+274	+360	+480
>80~100	+13	+23	+37	+51	+71	+91	+124	+146	+178	+214	+258	+335	+445	+585
>100~120				+54	+79	+104	+144	+172	+210	+256	+310	+400	+525	+690
>120~140	+15	+27	+43	+63	+92	+122	+170	+202	+248	+300	+365	+470	+620	+800
>140~160				+65	+100	+134	+190	+228	+280	+340	+415	+535	+700	+900
>160~180				+68	+108	+146	+210	+252	+310	+380	+465	+600	+780	+1 000
>180~200	+17	+31	+50	+77	+122	+166	+236	+284	+350	+425	+520	+670	+880	+1 150
>200~225				+80	+130	+180	+258	+310	+385	+470	+575	+740	+960	+1 250
>225~250				+84	+140	+196	+284	+340	+425	+520	+640	+820	+1 050	+1 350
>250~280	+20	+34	+56	+94	+158	+218	+315	+385	+475	+580	+710	+920	+1 200	+1 550
>280~315				+98	+170	+240	+350	+425	+525	+650	+790	+1 000	+1 300	+1 700
>315~355	+21	+37	+62	+108	+190	+268	+390	+475	+590	+730	+900	+1 150	+1 500	+1 900
>355~400				+114	+208	+294	+435	+530	+660	+820	+1 000	+1 300	+1 650	+2 100
>400~450	+23	+40	+68	+126	+232	+330	+490	+595	+740	+920	+1 100	+1 450	+1 850	+2 400
>450~500				+132	+252	+360	+540	+660	+820	+1 000	+1 250	+1 600	+2 100	+2 600

注：① 公称尺寸小于 1 mm 时，各级的 a 和 b 均不采用。
② js 的数值，对 IT7~IT11，若 IT 的数值（μm）为奇数，则取 js=±(IT-1)/2。

20. 孔的基本偏差值(GB/T 1800.1—2009)

（单位：μm）

公称尺寸/mm	基本偏差																		
	下极限偏差 EI												上极限偏差 ES						
	所有的公差等级												J			K		M	
	A	B	C	CD	D	E	EF	F	FG	G	H	JS	6	7	8	≤8	>8	≤8	>8
≤3	+270	+140	+60	+34	+20	+14	+10	+6	+4	+2	0	偏差等于 ±IT/2	+2	+4	+6	0	0	-2	-2
>3~6	+270	+140	+70	+36	+30	+20	+14	+10	+6	+4	0		+5	+6	+10	-1+Δ	—	-4+Δ	-4
>6~10	+280	+150	+80	+56	+40	+25	+18	+13	+8	+5	0		+5	+8	+12	-1+Δ	—	-6+Δ	-6
>10~14 >14~18	+290	+150	+95	—	+50	+32	—	+16	—	+6	0		+6	+10	+15	-1+Δ	—	-7+Δ	-7
>18~24 >24~30	+300	+160	+110	—	+65	+40	—	+20	—	+70	0		+8	+12	+20	-2+Δ	—	-8+Δ	-8
>30~40 >40~50	+310 +320	+170 +180	+120 +130	—	+80	+50	—	+25	—	+9	0		+10	+14	+24	-2+Δ	—	-9+Δ	-9
>50~65 >65~80	+340 +360	+190 +200	+140 +150	—	+100	+60	—	+30	—	+10	0		+13	+18	+28	-2+Δ	—	-11+Δ	-11
>80~100 >100~120	+380 +410	+220 +240	+170 +180	—	+120	+72	—	+36	—	+12	0		+16	+22	+34	-3+Δ	—	-13+Δ	-13
>120~140 >140~160 >160~180	+440 +520 +580	+260 +280 +310	+200 +210 +230	—	+145	+85	—	+43	—	+14	0		+18	+26	+41	-3+Δ	—	-15+Δ	-15
>180~200 >200~225 >225~250	+660 +740 +820	+340 +380 +420	+240 +260 +280	—	+170	+100	—	+50	—	+15	0		+22	+30	+47	-4+Δ	—	-17+Δ	-17

续　表

基本偏差

公称尺寸/mm	下极限偏差 EI（所有的公差等级）												上极限偏差 ES						
	A	B	C	CD	D	E	EF	F	FG	G	H	JS	J 6	J 7	J 8	K ≤8	K >8	M ≤8	M >8
>250~280	+920	+480	+300	—	+190	+110	—	+56	—	+17	0		+25	+36	+55	−4+Δ	—	−20+Δ	−20
>280~315	+1050	+540	+330																
>315~355	+1200	+600	+360	—	+210	+125	—	+62	—	+18	0		+29	+39	+60	−4+Δ	—	−21+Δ	−21
>355~400	+1350	+680	+400																
>400~450	+1500	+760	+440	—	+230	+135	—	+68	—	+20	0		+33	+43	+66	−5+Δ	—	−23+Δ	−23
>450~500	+1650	+840	+480																

基本偏差　上极限偏差 ES

公称尺寸/mm	N ≤8	N >8	P~ZC ≤7	P	R	S	T	U	V	X	Y	Z	ZA	ZB	ZC
										>7					
≤3	−4	−4	在大于7级的相应数级上增加一个Δ值	−6	−10	−14	—	−18	—	−20	—	−26	−32	−40	−60
>3~6	−8+Δ	0		−12	−15	−19	—	−23	—	−28	—	−35	−42	−50	−80
>6~10	−10+Δ	0		−15	−19	−23	—	−28	—	−34	—	−42	−52	−67	−97
>10~14	−12+Δ	0		−18	−23	−28	—	−33	—	−40	—	−50	−64	−90	−130
>14~18	−12+Δ	0		−18	−23	−28	—	−33	−39	−45	—	−60	−77	−108	−150
>18~24	−15+Δ	0		−22	−28	−35	—	−41	−47	−54	−65	−73	−98	−136	−188
>24~30	−15+Δ	0		−22	−28	−35	−41	−48	−55	−64	−75	−88	−118	−160	−218
>30~40	−17+Δ	0		−26	−34	−43	−48	−60	−68	−80	−94	−112	−148	−200	−274
>40~50	−17+Δ	0		−26	−34	−43	−54	−70	−81	−95	−114	−136	−180	−242	−325

Δ/μm

公称尺寸/mm	3	4	5	6	7	8
≤3	0	0	0	0	0	0
>3~6	1	1.5	1	3	4	6
>6~10	1	1.5	2	3	6	7
>10~18	1	2	3	3	7	9
>18~30	1.5	2	3	4	8	12
>30~50	1.5	3	4	5	9	14

续表

公称尺寸/mm	基本偏差 上极限偏差 ES															Δ/μm					
	N ≤8	N >8	P~ZC ≤7 / P	R	S	T	U	V	X	Y	Z	ZA	ZB	ZC	3	4	5	6	7	8
>50~65	−20+Δ	0	−32	−41	−53	−66	−87	−102	−122	−144	−172	−226	−300	−400	2	3	5	6	11	16
>65~80				−43	−59	−75	−102	−120	−146	−174	−210	−274	−360	−480						
>80~100	−23+Δ	0	−37	−51	−71	−92	−124	−146	−178	−214	−258	−335	−445	−585	2	4	5	7	13	19
>100~120				−54	−79	−104	−144	−172	−210	−254	−310	−400	−525	−690						
>120~140	−27+Δ	0	−43	−63	−92	−122	−170	−202	−248	−300	−365	−470	−620	−800	3	4	6	7	15	23
>140~160				−65	−100	−134	−190	−228	−280	−340	−415	−535	−700	−900						
>160~180				−68	−108	−146	−210	−252	−310	−380	−465	−600	−780	−1 000						
>180~200	−31+Δ	0	−50	−77	−122	−166	−236	−284	−350	−425	−520	−670	−880	−1 150	3	4	6	9	17	26
>200~225				−80	−130	−180	−258	−310	−385	−470	−575	−740	−960	−1 250						
>225~250				−84	−140	−196	−284	−340	−425	−520	−640	−820	−1 050	−1 350						
>250~280	−34+Δ	0	−56	−94	−158	−218	−315	−385	−475	−580	−710	−920	−1 200	−1 500	4	4	7	9	20	29
>280~315				−98	−170	−240	−350	−425	−525	−650	−790	−1 000	−1 300	−1 700						
>315~355	−37+Δ	0	−62	−108	−190	−268	−390	−475	−590	−730	−900	−1 150	−1 500	−1 900	4	5	7	11	21	32
>355~400				−114	−208	−294	−435	−530	−660	−820	−1 000	−1 300	−1 650	−2 100						
>400~450	−40+Δ	0	−68	−126	−232	−330	−490	−595	−740	−920	−1 100	−1 450	−1 850	−2 400	5	5	7	13	23	34
>450~500				−132	−252	−360	−540	−660	−820	−1 000	−1 250	−1 500	−2 100	−2 600						

注：① 公称尺寸小于 1 mm 时，各级的 A 和 B 及大于 8 级的 N 均不采用。
② JS 的数值，对 IT7~IT11，若 IT 的数值（μm）为奇数，则取 JS=±(IT−1)/2。
③ 特殊情况，当公称尺寸大于 250 mm 而小于 315 mm 时，M6 的 ES 等于−9（不等于−11）。
④ 对≤IT8 的 K，M，N 和 IT≤7 的 P~ZC，所需 Δ 值从表内右侧栏选取。
⑤ Δ 为孔的标准公差 IT_n 与高一级的轴的标准公差 IT_{n-1} 之差，即 $\Delta = IT_n - IT_{n-1}$。